高等职业教育优质校建设轨道交通通信信号技术专业群系列教材

U0296964

计算机网络与通信

主　编　于彦峰

副主编　黄根岭　朱军涛

西南交通大学出版社

·成　都·

图书在版编目（ＣＩＰ）数据

计算机网络与通信 / 于彦峰主编. —修订本. —
成都：西南交通大学出版社，2022.8
高等职业教育优质校建设轨道交通通信信号技术专业
群系列教材
ISBN 978-7-5643-6612-4

Ⅰ. ①计… Ⅱ. ①于… Ⅲ. ①计算机网络 – 高等职业
教育 – 教材②计算机通信 – 高等职业教育 – 教材 Ⅳ.
①TP393②TN91

中国版本图书馆 CIP 数据核字（2022）第 136635 号

高等职业教育优质校建设轨道交通通信信号技术专业群系列教材
计算机网络与通信

	责任编辑／穆　丰
主　编／于彦峰	助理编辑／梁志敏
	封面设计／吴　兵

西南交通大学出版社出版发行
（四川省成都市二环路北一段 111 号西南交通大学创新大厦 21 楼　610031）
发行部电话：028-87600564　028-87600533
网址：http://www.xnjdcbs.com
印刷：四川煤田地质制图印刷厂

成品尺寸　185 mm×260 mm
印张　12.25　字数　306 千
版次　2022 年 8 月修订本　印次　2022 年 8 月第 3 次

书号　ISBN 978-7-5643-6612-4
定价　32.00 元

课件咨询电话：028-81435775
图书如有印装质量问题　本社负责退换

前　言

本书主要作为高职高专院校"计算机网络与通信"课程教材。主要内容包括：计算机网络概述、数据通信技术基础、计算机网络体系结构、局域网技术、互联网技术、通信网与接入网技术、网络管理与网络安全技术等。本书较为全面地介绍了计算机网络相关通信技术的基础概念和原理，有助于初学通信技术的学生了解目前工作和生活中所用到的网络通信技术，为深入学习通信网络的配置管理打下良好的基础，也能够更好地学习以现代通信技术为基础的其他课程。

全书共 8 章，第 1 章介绍了通信技术及计算机网络技术的发展、计算机网络的基础概念等内容；第 2 章介绍了数字通信原理、数据交换技术等内容；第 3 章介绍了计算机网络体系结构的概念，以及 OSI/RM 的物理层和数据链路层；第 4 章介绍了局域网的概念、以太网技术和无线局域网技术等内容；第 5 章介绍了互联网技术等内容；第 6 章介绍了其他通信网的概念和原理，通信接入网的概念；第 7 章介绍了网络管理和网络安全的概念和技术；第 8 章设置了计算机网络基本实训项目。

本书由于彦峰担任主编，黄根岭和朱军涛担任副主编。于彦峰编写了第 1 章、第 2 章、第 7 章和第 8 章的内容，黄根岭编写了第 5 章和第 6 章的内容，朱军涛编写了第 3 章和第 4 章的内容。全书由于彦峰统稿。

首先感谢学校院系领导对本书编写的大力支持，另外，本书的编写参考了大量相关优秀教材，在此对这些专家和老师表示诚挚的感谢。

鉴于编者水平有限，书中难免有不足之处，希望读者能多提宝贵意见。

编　者

2022 年 7 月

目 录

第1章 概　述

扫码看课件 1

1.1　通信技术的发展

1.1.1　什么是通信

一般来说，通信是指由一地向另一地进行消息的有效传递。通信技术由来已久，自古以来，人们都在用自己的智慧解决远距离通信、快速通信等问题。衡量人类历史进步的尺度之一就是人与人之间传递信息的能力，尤其是远距离传递信息的能力。从烽火台、传统书信到今天形形色色的通信方式，都是人类征服自然的艰苦历程的缩影。通信技术从本质上讲就是实现信息传递功能的一门科学技术，其目的是将大量有用的信息无失真、高效率地进行传输，同时在传输过程中将无用信息和有害信息抑制掉。

工业革命之后，人类学会了利用"电"来传递消息的通信方法，我们称之为电信。由于铜线中电信号的传播速度大约为 2.3×10^8 m/s，所以电信技术诞生后大大缩短了人与人之间的距离。如今在自然科学中，"通信"和"电信"几乎成了同义词。1992 年，ITU（国际电信联盟）对"电信"做出了规范定义：利用有线、无线、光或者其他电磁系统传输、发射和接收符号、信号、文字、图像、声音或者其他任何性质的信息。

伴随着电子技术的发展，计算机技术和通信技术也飞速发展，以计算机为代表的信息技术（Information Technology，IT）和以语音、数据通信为代表的通信技术（Communication Technology，CT）融为信息通信技术（Information and Communication Technology，ICT），信息通信技术带来了一切可能带来的东西。今天，我们每个人的生活或者工作都与信息通信技术密切相关。

总之，现在通信技术已经深刻地改变了人类社会的生活形态和工作方式，随着社会的发展与进步，人类对信息通信的需求将更加强烈，对其要求也越来越高。理想的目标就是要实现任何人在任何时间、任何地点与任何人以及相关的物体进行任何形式的信息通信。

1.1.2　通信技术的发展

几千年来，人类从自己的需求出发，不断推进着通信技术向前发展。在通信的发展史中，新的通信技术是在前人的经验、知识不断积累的前提下，到了某个时间段被特定的人群激发出来，并在实践中获得了认可之后才得以广泛的应用，使通信业发生变革或者革命。充分认知通信技术的发展将帮助我们理解和学习通信技术。

"烽火"是人类最早有记录的用于远距离通信的工具之一。后来，人类为了更方便地相互沟通，修建了道路。有了路网，人类还创造了一种文本语言的通信手段，也就是我们常说的"书信"。我国在两千多年的中央集权的历史中，发展出了庞大复杂的驿路和驿站网络，为的就是更好更快地传递"书信"。这些都可以归结为传统通信方式，区别于下面要讲的现代通信技术 —— 电信技术。

电信技术的诞生距今已有百余年的历史，深入和详细地了解通信技术的发展史有助于学习和理解现代通信技术及其原理。

1835 年，美国画家、科学爱好者莫尔斯先生发明了有线的电磁电报，开启了现代通信技术时代。莫尔斯最著名的是他发明的莫尔斯电码 —— 利用"点""划""空"，即时间长短不一的电脉冲信号的不同组合来表示字母、数字、标点和符号。

1866 年，英国著名数学物理学家、工程师威廉·汤姆逊历经十年艰辛努力，终于领导铺设了世界上第一条大西洋海底电报电缆。

1876 年，美国业余发明家贝尔发明了电话机，贝尔被认为是现代电信的鼻祖。1877 年，贝尔电话公司成立，在波士顿建设的第一条电话线路开通，之后贝尔电话公司的业务日趋发达，最后改名为美国电话电讯公司，即著名的 AT&T 公司，成为独占全美国电讯业务 90%以上的庞大组织。以贝尔名字命名的实验室成为世界上最伟大的实验室之一，许多具有划时代意义的发明（如晶体管，激光器等）都出自该实验室，其中的实验人员迄今共获得 8 项诺贝尔奖。

1878 年，人工电话交换机投入使用。

1880 年，共电式电话机出现，电话机由交换机集中供电。同年，李鸿章在天津设立电报总局，派盛宣怀为总办，并在天津设立电报学堂。翌年，中国的第一条自主建设的长途公众电报线路（上海至天津），全长 3 075 华里（1 537.5 km）的津沪电报线路全线竣工并营业。

1882 年，丹麦大北电报公司在上海创办，中国土地上出现了第一个电话局。

1888 年，德国物理学家赫兹发现电磁波。

1891 年，美国著名的殡仪馆老板史瑞乔发明了步进式自动电话交换机。翌年，世界上第一个自动电话交换局在美国印第安纳州设立。

1901 年，意大利工程师马可尼使用他发明的火花隙无线电发报机，成功发射了穿越大西洋的长波无线电信号，并因此获得诺贝尔奖。

1920 年，美国建立世界上最早的广播电台，即收音机广播。

1926 年，瑞典研制出了第一台纵横电话交换机，并设立了第一个纵横式自动电话交换局。

1937 年，英国人里夫斯提出用脉冲所有组合来传送语音信息的方法，即脉冲编码调制 PCM，后来这项技术成为电话网中应用最普遍的语音数字化技术。

1946 年，世界上第一台电子数字计算机 ENIAC 在美国诞生。

除了高速的计算能力，计算机还带来了二进制，即数字技术、信息技术。数字信息技术又进一步加速了通信技术的发展和应用。随着计算机技术的发展，出现了计算机网络技术，即研究计算机与计算机通信的技术。

1947 年，贝尔实验室的 3 名年轻的实验员发明了具有划时代意义的晶体管。同年贝尔实验室还提出了蜂窝通信的概念。

1957 年，苏联发射了世界上第一颗人造卫星。

1958 年，最早的集成电路（Integrated Circuit，IC）在美国出现。

1960 年，美国物理学家梅曼制造出了比太阳光强 1 000 万倍的激光。同年，在美国，第一台 PCM 数字电话在市话网中应用。

1965 年，第一部由计算机控制的程控电话交换机在美国问世，标志着一个电话新时代的开始。

1966 年，英籍华人高锟提出以玻璃纤维进行远距激光通信的设想。

1969 年，美国国防部高级研究计划署（ARPA）提出了研制 ARPA 网（ARPAnet）的计划，1969 年建成并投入运行，标志着计算机通信的发展进入了一个崭新的纪元。（因为 ARPAnet 发展到后来成为著名的 Internet。）

1970 年，光纤在美国诞生。

1972 年，国际电报电话咨询委员会（CCITT）首次提出综合业务数字网（ISDN）的概念。

1975 年，比尔·盖茨创立微软公司。翌年，乔布斯创立苹果公司。计算机技术进入 PC（Personal Computer）时代，计算机开始普及。

1979 年，计算机局域网（LAN）被发明。

1989 年，在欧洲物理粒子研究所工作的英国科学家蒂姆·伯纳斯·李发明了万维网（WWW）。

1991 年，美国政府决定把因特网（Internet）主干网交给私人经营。

1994 年，中国接入因特网（Internet），通信逐渐进入了互联网时代。

20 世纪 90 年代以后，以因特网（Internet）为代表的计算机网络得到了飞速的发展，从最初美国的一个教育科研网络发展成覆盖全球的商业网络 —— 世界上最大的计算机网络。因特网正在改变着我们工作和生活的各个方面，它已经给全球社会经济及科技的发展带来了巨大的好处，并加速了全球信息化的进程。因特网是人类在通信方面最大的变革，现在人们的生活、工作、学习和交往都已经离不开因特网了。

21 世纪后，随着移动通信技术的快速发展，互联网由原来的以 PC 为主体终端的互联网发展为以智能移动终端为主体的互联网。

今天，通信技术正在进入技术融合、业务融合、网络融合的大融合时代、一个以网络为核心的信息时代。纷繁复杂的通信网络已经成为人类社会发展的重要基础。

在通信网发展过程中，诞生了很多不同类型的通信网络。根据向用户提供服务的不同，我们身边的网络主要有"三网"，即计算机网络、电信网络和广播电视网络。计算机网络可使用户获取有用的数据文件（包括文本、声音、图片、视频等），电信网络可向用户提供电话、电报及传真业务，广播电视网络向用户提供各种电视节目。三网中发展最快，并起到核心作用的是计算机网络。电信网络和广播电视网络都逐渐融入了现代计算机网络的技术，所以就产生了"三网融合"的概念。计算机网络作为现代通信网络的一个重要的分支，虽然诞生的较晚，但因为计算机技术迅速发展的原因，其发展也极其迅速。计算机网络与另外两个网络最大的不同在于其端设备是功能强大的计算机。如果其他网络的端设备都变为计算机，那就可以说所有的网络都是计算机网络，三网从技术上就可以融为一个计算机网络。然而，三网融合还有许多非技术性的复杂问题有待协调解决。

随着时代的发展，通信网络技术发生了较大的变化，新的理念和技术日新月异，为了使通信网络更好地服务于人类社会，我们有必要认真讨论和学习通信网络技术，有必要认真学习其最重要的分支 —— 计算机网络技术。

1.2 计算机网络的发展

1.2.1 计算机网络的形成与发展

计算机网络是电子计算机及其应用技术与现代通信技术逐步发展、日益密切结合的产物。现代电子计算机诞生之后不久，人们就尝试使用现代通信技术来实现计算机与计算机或数据终端间的通信，计算机网络技术就这样一步步发展过来。虽然只经过了几十年的发展历史，但现在的计算机网络已不是最初的计算机网络所能比拟的，而且计算机网络的内涵也发生了巨大的改变。了解计算机网络的整个发展历史，有助于我们对计算机网络技术的发展有一个清晰的认识。当然，要有了计算机，才能有计算机网络，就像肯定是先有人，然后才会有人类社会一样，所以我们要结合计算机技术的发展来了解计算机网络技术的发展。总体来说，可以把计算机网络的发展历程归纳为以下几个阶段。

1. 第一阶段 —— 面向非计算机终端的连接

1946 年，世界上第一台数字计算机问世。当时的计算机数量非常少，且非常昂贵。由于那时计算机大都采用批处理方式，所以用户首先要将程序和数据打印成纸带或卡片，再送到计算中心去处理。1954 年，出现了一种称为收发器（transceiver）的终端，人们使用这种终端首次实现了将穿孔卡片上的数据通过电话线路发送到远地计算中心的计算机，这种简单的传输系统就是计算机网络的基本原型。当然，这些离我们有些遥远，现在的我们不必研究这些收发器终端及其数据传输原理。第一代计算机网络是以计算机主机（相当于我们现在所说的"计算机服务器"）为中心，一台或多台终端围绕计算机主机分布在各处。计算机主机的任务是进行成批处理，用户终端则不具备数据的存储和处理能力。从某种意义上来说，这根本不能算是真正的计算机网络，因为联网的终端不能算作真正意义上的计算机。之所以网络中更多的是计算机终端，是因为那时的计算机非常昂贵，为了节省成本，在用户端通常只能采用那些不带关键部件的计算机终端。到了 20 世纪 50 年代中后期，出现了多路复用器（MUX）、线路集中器、前端控制器等通信联网控制设备。

第一阶段的典型应用是美国航空公司与 IBM 公司在 20 世纪 50 年代初开始的联合研究，其成果为 20 世纪 60 年代投入使用的飞机订票系统 SABRE-I，它由一台计算机和全美国范围内 2 000 个终端组成。

2．第二阶段 —— 分组交换技术的诞生

为了克服第一阶段计算机网络的缺点，提高网络的可用性和可靠性，专家们又开始研究将多台计算机互联的方法。有问题就要想办法解决，这与现在所有技术的改进思路是一样的。首先，1964 年 8 月保罗·巴兰在美国兰德公司《论分布式通信》的研究报告中提到了"存储转发"的概念。在 1962 年至 1965 年间，美国的 ARPA（Advanced Research Projects Agency，美国国防部高级研究计划署）和英国的 NPL（National Physics Laboratory，国家物理实验室）都对这一新技术进行了研究。后来，英国 NPL 的唐纳德·戴维斯于 1966 年首次提出了"分组"（packet）的概念。在 1969 年 12 月，产生了世界上第一个基于分组技术的计算机分组交换系统 ARPAnet。这是大家公认的计算机网络的鼻祖。

ARPAnet 是美国国防部高级研究计划局（DARPA）采用电话线路为主干网络建成的。它最开始仅连接了美国加州大学洛杉矶分校、加州大学圣巴巴拉分校、斯坦福大学和犹他大学 4 个结点的计算机，两年后建成 15 个结点，此后规模不断扩大。到了 20 世纪 70 年代后期，网络结点超过 60 个，主机 100 多台，地理范围跨越美洲大陆，连通了美国东部和西部的许多大学和研究机构，而且还通过通信卫星与夏威夷和欧洲地区的计算机网络相互连通。

ARPAnet 的运行成功使计算机网络的概念发生了根本性的变化，也标志着计算机网络发展进入了一个新纪元。因为网络的快速发展，出现了接口报文处理机（Interface Message Processor，IMP），即后来的路由器等新的计算机联网设备，IMP 专门负责通信处理，通信线路将各 IMP 相互连接起来，然后各计算机主机再与 IMP 相连，各主机之间的通信需要通过 IMP 连接起来的网络来实现。在第二阶段的计算机网络中，采用了"存储—转发"数据通信方式，也就是各个 IMP 在接收到数据后先按接收顺序把数据存储在自己的缓存中，然后再按接收顺序依次进行下一级的数据转发，这样可以使网络上的流量更加平滑、有序。

3．第三阶段 —— 标准化、网络互联、局域网

第二阶段计算机网络的传输方式采用了"存储—转发"方式，极大地提高了昂贵的通信线路资源的利用率。因为在这种"存储—转发"方式的通信过程中，通信线路不会被某一节点间的通信独占，而是可以为多路通信共用。但是第二阶段的计算机网络仍存在许多弊端，主要表现为没有统一的网络体系架构和协议标准。不同公司的网络体系都只适用于自己公司的设备，不能进行相互连接，这样就抑制了计算机网络的发展。针对这种情况，1977 年 ISO（国际标准化组织）的 TC97 信息处理系统技术委员会 SC16 分技术委员会开始着手制定开放系统互联参考模型（OSI/RM），并于 1984 年发布。OSI/RM 模型是一个开放体系结构，定义了网络互联的七层结构，并详细规定了每一层的功能以实现开放系统环境中的互联性、互操作性和应用的可移植性。OSI/RM 模型同时规定了计算机之间只能在对应层之间进行通信，大大简化了网络通信原理，是公认的计算机网络体系结构的基础，为普及计算机网络奠定了基础。当然 OSI/RM 标准也是在汇总了不同公司开发的体系架构优点的基础上开发的。

1980 年 2 月，IEEE 学会下属的 802 局域网标准委员会宣告成立，并相继推出了若干个 802 局域网协议标准，其绝大部分后来被 OSI 正式认可，并成为局域网的国际标准。这标志着局域网协议及标准化工作向前迈出了一大步。IEEE 802 局域网标准的制定，极大地推进了计算机局域网的发展。

虽然 OSI/RM 的诞生大大促进了计算机网络的发展，但在 Internet（互联网）的发展过程中，OSI/RM 却被后来居上的 TCP/IP 协议规范远远抛在后面。1983 年，DARPA（Defense Advanced Research Projects Agency，美国国防高级研究计划局）将 ARPAnet 上的所有计算机结构转向了 TCP/IP 协议，并以 ARPAnet 为主干建立和发展了 Internet，形成了 TCP/IP 体系结构。TCP/IP 协议体系结构虽然不是国际标准，但它的发展和应用都远远超过了 OSI/RM，成为 Internet 体系结构上的实际标准。当然，我们不能否认 OSI/RM 的贡献，它提出的许多计算机网络的概念和技术至今仍广为使用，包括在 Internet 上。也正是在它的推动下，使得计算机网络体系结构的标准化工作不断进展，事实上后来的 TCP/IP 协议规范也是在 OSI/RM 基础上改进而来的。我们将在后续章节详细学习 OSI/RM 和 TCP/IP 体系结构。

4. 第四阶段——互联网和高带宽

进入 20 世纪 90 年代后，网络进一步向着开放、高带宽、高性能方向发展。自 OSI 参考模型推出，计算机网络一直沿着标准化的方向在发展，而网络标准化推动了 Internet 的飞速发展。高速以太网技术和光纤技术的发展成熟又大大促进了 Internet 的进一步发展普及。Internet 是计算机网络最辉煌的成就，它已成为世界上最大的国际性计算机互联网，并影响了人们生活的各个方面。

进入 21 世纪以后，随着宽带无线接入技术和移动终端技术的飞速发展，人们迫切希望能够随时随地，乃至在移动过程中都能方便地从互联网获取信息和服务，移动互联网应运而生，并迅猛发展。

5. 第五阶段——NGN

下一代计算机网络（Next Generation Network，NGN）是什么，目前还没有形成统一的标准，但总体而言，普遍认为下一代计算机网络是计算机网络、电信网络、广播电视网络的融合，是可以提供语音、数据和多媒体等各种业务的综合性开放网络，是业务和承载分离的网络。我们目前正处于第四代和第五代之间的过渡时期，看得见的一些下一代计算机网络的特征包括：物联网（Internet over Things，IoT）、云技术（cloud）、虚拟化（virtualization）等等。

1.2.2 计算机网络在我国的发展

我国最早着手建设专用计算机广域网的是铁道部（现中国铁路总公司）。铁道部在 1980 年即开始进行计算机联网实验。1989 年 11 月我国第一个公用分组交换网 CNPAC 由邮电部（现交通运输部）主导建成，在此基础上，1993 年 9 月建成新的中国公用分组交换网 CHINAPAC。20 世纪 80 年代后期，公安、银行、军队以及其他一些部门也相继建立了各自的专用计算机广域网。同一时期，国内许多单位和公司相继安装了大量的局域网，局域网建设成本低，结构简单，便于管理和维护。这些早期的计算机网络建设对我国的计算机网络通信技术和信息技术的发展起着重要积极的作用。

　　1994 年 4 月 20 日我国用 64 kb/s 专线正式接入因特网，中国互联网终于得到美国国家科学基金会（NSF）的认可，我国正式成为被国际承认的接入因特网的国家。该阶段，由于互联网初期的技术门槛较高，资源极为紧缺，因此仅有科技工作者、科研技术人员等很少的人群使用，而且使用的范围也被限制在科学研究、学术交流等较窄领域。同年 5 月，中国科学院高能物理研究所设立了我国第一个 WWW 服务器。7 月，由清华大学等 6 所高校建设的中国教育和科研计算机网（CERNET）开通，该网络连接北京、上海、广州、南京、西安等 5 座城市，并与 Internet 互联，成为中国第一个运行 TCP/IP 协议的全国性计算机互联网络。CERNET 是由国家投资建设，教育部负责管理，清华大学等高校承担建设管理的全国性学术计算机互联网络。CERNET 是由我国技术人员独立自主设计、建设和管理的计算机互联网，在我国第一个实现了与下一代高速互联网 Internet 2 的互联。9 月，基于因特网技术的中国公用计算机互联网 CHINANET 正式启动，目前由中国电信集团公司负责建造管理和维护，是我国规模最大的公用计算机网络。

　　从 20 世纪 90 年代后期开始，我国进入互联网快速发展普及阶段，发展速度和规模一直处于世界领先地位。中国互联网络信息中心（CNNIC）每年公布两次我国因特网的发展情况，可以在其网站 www.cnnic.cn 上查阅最新的以及历史文档。CNNIC 把过去半年内使用过互联网的 6 周岁及以上的中国居民成为网民。根据 CNNIC 发表的"第 41 次中国互联网络发展状况统计报告"，截至 2017 年 12 月，我国网民规模达 7.72 亿，普及率达到 55.8%，超过全球平均水平（51.7%）4.1 个百分点，超过亚洲平均水平（46.7%）9.1 个百分点。光缆、互联网接入端口、移动电话基站和互联网数据中心等基础设施建设稳步推进。在此基础上，网站、网页、移动互联网接入流量与 App 数量等应用发展迅速。移动互联网接入流量自 2014 年以来连续三年实现翻番增长，手机网民规模达 7.53 亿，台式计算机、笔记本计算机、平板计算机的使用率均出现下降。以手机为中心的智能设备，成为"万物互联"的基础，移动互联网进一步发展壮大。移动支付的用户规模持续扩大，用户使用习惯进一步巩固，网民在线下消费使用手机网上支付比例由 2016 年底的 50.3% 提升至 65.5%，我国境内外上市互联网企业数量达到 102 家，总体市值为 8.97 万亿人民币。其中腾讯、阿里巴巴和百度公司的市值之和占总体市值的 73.9%。

　　随着互联网的深入普及，基于互联网平台的各种经济活动越来越受到重视。2015 年 3 月 5 日上午的十二届全国人大三次会议上，李克强总理在政府工作报告中首次提出"互联网+"行动计划。2015 年 7 月 4 日，国务院印发《国务院关于积极推进"互联网+"行动的指导意见》。"互联网+"成为互联网思维的进一步实践成果，它推动经济形态不断地发生演变，从而带动社会经济实体的生命力，为改革、创新、发展提供广阔的网络平台。通俗地说，"互联网+"就是"互联网+各个传统行业"，是利用信息通信技术以及互联网平台，让互联网与传统行业进行深度融合，创造新的发展生态。它代表一种新的社会形态，即充分发挥互联网在社会资源配置中的优化和集成作用，将互联网的创新成果深度融合于社会各领域之中，提升全社会的创新力和生产力，形成更广泛的以互联网为基础设施和实现工具的经济发展新形态。通过互联网推动我国的产业升级，进一步带动经济技术的大发展。

1.3 计算机网络的相关概念

1.3.1 计算机网络的定义

关于"计算机网络",至今仍没有一个严格意义上的权威定义。最简单的定义是:一些互相连接的、自治的计算机的集合。"自治"的意思是独立的计算机,有自己的硬件和软件,可以单独运行使用。"互相连接"是指计算机之间能够进行数据通信或信息交换。

目前通常认为"计算机网络"是指将不同地理位置,具有独立功能的多台计算机及网络设备通过通信线路(包括传输介质和网络设备)连接起来,在网络操作系统、网络管理软件、网络通信协议的共同管理和协调下实现资源共享和信息传递的计算机系统。这里所说的"资源共享"包括:硬件资源共享、软件资源共享、数据资源共享这三个方面。

1.3.2 计算机网络的基本组成

从前面的定义可以看出,计算机网络是一个由硬件设备和相应的软件系统组成的完整系统。如图 1-1 所示,计算机网络的基本组成包括:计算机、网络连接和通信设备、传输介质、网络通信软件(包括网络通信协议)。计算机网络基本组成又分为硬件系统和软件系统两大部分。计算机网络硬件系统就是指计算机网络中可以看得见的物理设施,包括各种计算机设备、传输介质、网络设备这三大部分。计算机网络通信除了需要前面所说的各种计算机硬件系统外,还需要一些计算机网络通信和应用软件。

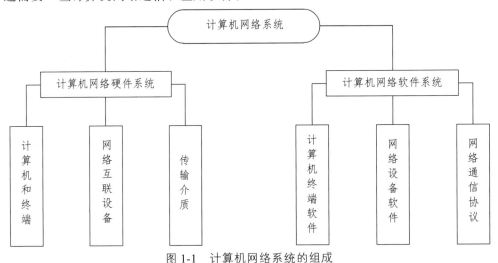

图 1-1　计算机网络系统的组成

思考:计算机网络系统和计算机系统的异同(认识学习信息技术的重要性)。

计算机网络从结构上可以分为两个部分:负责数据处理的计算机和终端,负责数据通信的通信控制处理机和通信线路。从计算机网络的组成来看,典型的计算机网络在逻辑上可分为两个子网,如图 1-2 所示。从图中可见,一个计算机网络是由资源子网(虚框外部)和通信子网（虚框内部）构成的，资源子网负责信息处理，通信子网负责全网中的信息传递。

资源子网由主机、用户终端、终端控制器、联网外部设备、各种软件资源与信息资源组成。资源子网负责全网的数据处理业务，向网络用户提供各种网络资源与网络服务。它们的任务是利用其自身的硬件资源和软件资源为用户进行数据处理和科学计算，并将结果以相应形式送给用户或存档。

通信子网由专用的通信控制处理机、通信线路和其他通信设备组成，完成网络数据传输任务。

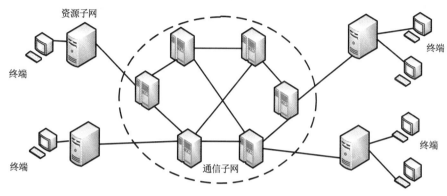

图 1-2　计算机网络的结构组成

1.3.3　计算机网络的分类

严格地说，计算机网络就是专指实现计算机（而不是别的机器）作为端系统相互通信和共享资源的一类网络，它本身不必再划分类型。通常人们所说的网络，其实是针对计算机网络的支撑系统 —— 通信网的分类。

根据分类依据的不同，下面介绍几种目前最常见的计算机网络分类。

1.　按网络所覆盖的地理范围分

按照计算机网络覆盖的地理范围（也是一种按网络规模进行的计算机网络分类）可分为局域网、城域网和广域网三种。这种分类方式可以很好地反映出不同类型网络的技术特征，因为不同类型网络覆盖的地理范围不同，所采用的传输技术也就不同，从而形成了不同的网络技术特点与网络服务功能。

1）局域网

局域网（Local Area Network，LAN）是最常见到的，也是应用最多的一种计算机网络。大到各行各业的企业内部网络,小到千家万户的家庭网络都属于局域网(仅指内部网络部分)。我们常说的校园网也是一种局域网。局域网是将一个比较小的区域内的各种通信设备互连在一起组成的计算机网络。

2）城域网

城域网（Metropolitan Area Network，MAN）中各计算机网络设备的地理分布范围介于

LAN 和下面将要介绍的广域网（WAN）之间，主要遍布一个城市内部，所以称之为"城域网"。MAN 主要用于在一个较大的地理区域（通常是 10 ~ 100 km）内提供数据、声音和图像的传输，一般用于提供公共服务。城域网通常为一个或几个组织所有，更多的是为公众提供公共服务，如城市银行系统、城市消防系统、城市邮政系统、城市有线电视/广播网络等。

3）广域网

广域网（Wide Area Network，WAN）是规模最大的一种计算机网络，分布的地理范围可以非常广，如一个或多个城市，或者多个国家，甚至可以遍布全球。Internet 是最大的广域网，它遍及全球，由全球许多 LAN、MAN 互联组成。WAN 主要也是为公众提供公共服务的，由不同 ISP（Internet 服务商）组建，为他们的广大用户提供各种网络接入和应用服务。

2. 按网络的管理模式分

按计算机网络的管理模式可以把目前的计算机网络划分为 PTP（Peer-to-Peer，对等网）和 C/S（Client/Server，客户机/服务器）网。

1）对等网

所谓"对等网"（PTP，也叫 P2P），即网络中各成员计算机的地位都是平等的，没有管理与被管理之分。计算机各自为政，谁也不管谁，采用的是分散管理模式。对等网中的每台计算机都既可以作为其他计算机资源访问的服务器，又可作为工作站来访问其他计算机，整个网络中没有专门的资源服务器。Windows 操作系统中的"工作组"网络也是对等网管理模式。但要注意的是，即使在对等网中，也可能有部分服务是采用 C/S 管理模式的，如在工作组网络中部署的文件服务器、数据库存服务器、邮件服务器等。

2）C/S 网

C/S 模式其实是针对具体服务器功能来说的，这些服务器可以是用于管理整个计算机网络中计算机和用户账户的服务器（如 Windows 域网络中的域控制器），也可以是其他网络或应用服务器（如邮件服务器、数据库服务器、Web 服务器、FTP 服务器等）。这些服务器有一个共同的特点，就是一般只作为服务器角色而存在，专门为网络中其他用户计算机提供对应的服务。

3. 按网络的传输方式分

按网络传输方式计算机网络可划分为点对点传输网络和广播式传输网络两种。这种划分方式其实是根据所采用的传输协议进行划分的，因为区分是点对点传输网络还是广播传输网络，主要取决于所采用的通信协议，与网络拓扑结构也有一定的关系。

1）点对点传输网络

在点对点传输网络中采用的通信协议都是基于点对点通信的，如 SLIP（串行线路 Internet 协议）、PPP（点对点协议）、PPPOE（基于以太网的点对点协议）、PPTP（点对点隧道协议）等。各种 Modem 拨号，以及路由器间串口（通常称为 S 口）的连接，都采用 PPP（点对点协议）或 PPPOE（以太网点对点协议）。电话也是点对点通信，通信只在两部电话机线路之间进行，其他线路上的用户是听不到的。

2）广播式传输网络

广播式传输网络是一种可以使网络上所有节点共享公共信道进行广播传输的计算机网络，是一种一点对多点的网络结构。在广播式传输网络中传输信息时，任何一个节点都可以发送数据包，通过公共信道或总线传送到网络中的其他计算机上。然后，这些计算机根据数据包中的目的地址来判断是否为自己接收。以太网就是典型的广播式传输网络，其所使用的就是各种以太网（Ethernet）协议。后面要介绍的环型拓扑结构的令牌环网络和总线型拓扑结构的令牌总线网络也是广播式传输网络。

4．按使用性质和归属分

按使用性质和归属划分，计算机网络可分为公用网和专用网两大类。公用网都是由国家电信部门建造和控制管理的，面向普通公共用户开放，具有公共属性，用户间无等级划分；专用网是某个单位或部门为本系统生产活动中的特定业务需要而建造，不对单位或部门以外的人员开放。根据生产活动角色和业务的不同，用户常有等级划分。例如军事、铁路、电力等为本部门生产活动服务的通信网络。

思考：公用网与专用网的区别。

1.3.4　计算机网络的拓扑结构

拓扑（topology）学是一种研究与大小、距离无关的几何图形特性的方法。"网络拓扑结构"是由网络节点设备和通信介质通过物理连接所构成的逻辑结构图。网络拓扑结构是从逻辑上表示网络服务器、工作站的网络配置和互相之间的连接方式和服务关系。在选择拓扑结构时，主要考虑的因素有：不同设备所担当的角色（或者设备间服务的关系）、各节点设备的工作性能要求、安装的相对难易程度、重新配置的难易程度、维护的相对难易程度、通信介质发生故障时受到影响的设备的情况。

计算机网络常用的几种拓扑结构如图 1-3 所示。

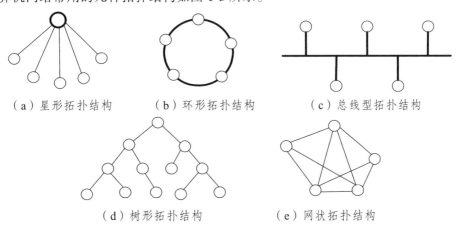

（a）星形拓扑结构　　（b）环形拓扑结构　　（c）总线型拓扑结构

（d）树形拓扑结构　　（e）网状拓扑结构

图 1-3　计算机网络的拓扑结构

1. 星形拓扑结构

星形拓扑结构（star topology）又称集中式拓扑结构，是因集线器或交换机连接的各节点呈星状（也就是放射状）分布而得名。在这种拓扑结构的网络中有中央结点（集线器，或交换机），其他节点（工作站、服务器）都与中央结点直接相连。星形拓扑结构是目前应用最广、实用性最好的一种拓扑结构，这主要是因为它非常容易实现网络的扩展。无论在局域网中，还是在广域网中都可以见到它的身影，但其主要还是应用于有线以太局域网中。

星形网络具有结构简单、便于管理、集中控制、故障诊断和隔离容易等优点，但共享能力较差，通信线路利用率不高，中心节点一旦出现故障会造成整个网络的瘫痪。

2. 环形拓扑结构

环形拓扑结构（ring topology）是由节点和连接节点的通信线路组成的一个闭合环，环形网络中信息是按一定方向从一个节点传输到下一个节点，形成一个闭合环流，环形信道是一种广播式信道，可采用令牌控制方式控制各个节点发送和接收信息。环形拓扑结构在城域网和传输网中有较多应用。

环形网络具有网络路径选择效率高、网络组建和冗余实现简单等优点。但也存在着实现成本较高，扩充不方便，存在节点瓶颈等缺点。

3. 总线型拓扑结构

总线型拓扑结构(bus topology)网络中所有设备通过连接器并行连接到一条传输电缆（通常称之为中继线、总线、母线或干线）上。总线型结构网络所采用的传输介质一般为同轴电缆（包括粗同轴电缆和细同轴电缆，也有采用光纤的）。

总线型拓扑结构的网络具有结构简单、便于扩充、无源工作、需要设备和电缆数量少、价格低廉等优点。缺点主要有故障诊断和定位困难。

4. 树形拓扑结构

树形拓扑结构（tree topology）也称为多级星形结构，它的形状像一棵倒置的树，顶端是树根，树根以下带分支，每个分支还可再带分支，如图 1-3（d）所示。各节点按层次进行连接，信息交换主要在上、下节点之间进行，相邻及同层节点之间一般不进行数据交换或数据交换量较少。树形网是一种分层网，一般一个分支和节点的故障不影响另一分支和节点的工作，任何一个节点送出的信息都可以传遍整个网络站点，是一种广播式网络。一般树形网上的链路具有一定的专用性，无须对原网做任何改动就可以扩充工作站。

树形拓扑结构具有易于扩展、故障隔离容易等特点，如果某一分支的节点或线路发生故障，很容易将故障分支与整个系统隔离开来。但是，各个节点对根节点的依赖性大，如果根节点发生故障，则全网不能正常工作。

5. 网状拓扑结构

网状拓扑结构（mesh topology）又称无规则型拓扑结构。在这种结构中，各节点之间通过传输介质彼此互联，构成一个网状结构。网状拓扑结构又有"全网状结构"和"半网状结构"两种。所谓"全网状结构"就是指网络中任何两个节点间都是相互连接的。而所谓的"半网状结构"是指网络中并不是每个节点都与网络的其他所有节点连接，可能只是一部分节点间有互联。所以网状拓扑结构的布线是相当复杂的，布线成本也非常高，因为每个节点要用多条电缆与其他节点依次连接。网状拓扑结构主要用于广域网中，这时它们连接的不再是终端用户 PC 节点，而是网络设备结点，如网络中的交换机、路由器等设备。广域网中采用网状拓扑结构的主要目的就是通过实现链路或路由线路的冗余，提高网络的可靠性。当然，一般不会在整个广域网中而只是在骨干网络中采用这种拓扑结构。

网状拓扑结构具有较高的可靠性，因为这种拓扑结构中各节点的连接存在冗余线路，任何单一连接线路中断都不会影响网络的整体连接。但其结构复杂，配置也很复杂，实现起来成本可能很高（特别在广域网环境），也不易管理、维护和进行网络扩展。同样，由于节点间存在多条冗余线路，导致容易出现路由环路，或者二层环路（如果连接的结点是交换机），路由配置复杂。

6. 混合型拓扑结构

将总线型、星形、环形、树形等拓扑结构混合起来，取其优点构成的拓扑结构称为混合型拓扑结构。混合型网络结构是目前局域网，特别是分布型大中型局域网中应用最广泛的网络拓扑结构，它可以解决单一网络拓扑结构的部分性能限制。

1.4 计算机网络的相关标准化组织

随着通信网的规模越来越大，以及移动通信、国际互联网业务的发展，国际间的通信越来越普及。这需要相应的标准化机构对全球网络的设计和运营进行统一的协调和规划，以保证不同运营商、不同国家间网络业务可以互联互通。此外，由于计算机网络的开放性，通信网络软硬件开发厂商众多，为了推进各厂商不同软硬件的兼容性和互操作性，必须建立共同遵循的特定规章和准则，如定义硬件接口、网络协议、网络体系结构等。一般来讲，标准的制定有利于技术的发展，将激励大批量生产和降低产品成本。但有时因各方意见的不一致，也会对新技术的推广和应用产生牵制作用。制定标准的组织有国际性的、地区性的，以及国家标准化组织，相关标准机构如下。

1. 国际标准化组织

国际标准化组织（International Standard Organization，ISO）是一个综合性的非官方机构，具有相当的权威性，它由各参与国的国家标准化组织所选派的代表组成。

2. 国际电信联盟

国际电信联盟（International Telecommunication Union，ITU）是联合国下设的电信专门

机构,是一个政府间的组织。1956,国际电报咨询委员会(CCIT)和国际电话咨询委员会(CCIF)合并成立国际电报电话咨询委员会(Consultative Committee on International Telegraph and Telephone,CCITT),主要涉及电报和电话两项基本业务。随着通信业务种类不断增加,CCITT 仍一直沿用这个名称。至 1993 年,ITU 重组设立了 3 个主要部门,分别是无线通信部门(ITU-R)、电信标准部门(ITU-T)和开发部门(ITU-D)。

3. 电气和电子工程师协会

电气和电子工程师协会(Institute of Electrical and Electronics Engineers, IEEE)是一个国际性的电子技术与信息科学工程师的协会,是目前全球最大的非营利性专业技术学会,其会员遍布 160 多个国家。IEEE 致力于电气、电子、电信、计算机工程和与科学有关的领域的开发和研究。在计算机网络通信领域制定了 IEEE 802 系列技术标准。

4. 因特网工程任务组

因特网工程任务组(the Internet Engineering Task Force,IETF)成立于 1985 年底,是因特网最具权威的技术标准化组织,主要任务是负责因特网相关技术规范的研发和制定。当前绝大多数因特网技术标准出自 IETF。IETF 是一个由为因特网技术工程及发展做出贡献的专家自发参与和管理的国际民间机构,汇集了与因特网架构和因特网顺利运作相关的网络设计者、运营者、投资人和研究人员,并欢迎所有对此行业感兴趣的人士参与。

IETF 将工作组分类为不同的领域,每个领域由几个 AD(Area Director)负责管理。国际互联网工程指导委员会(the Internet Engineering Steering Group,IESG)是 IETF 的上层机构,它由一些专家和 AD 组成,设一个主席职位。国际互联网架构理事会(Internet Architecture Board,IAB)负责互联网社会的总体技术建议,并任命 IETF 主席和 IESG 成员。IAB 和 IETF 是互联网社会(Internet Society,ISOC)的成员。

5. 美国国家标准学会

美国国家标准学会(American National Standards Institute,ANSI)是由公司、政府和其他成员组成的自愿组织,负责协商与标准有关的活动,审议美国国家标准,并努力提高美国在国际标准化组织中的地位。此外,ANSI 使有关通信和网络方面的国际标准和美国标准得到发展。

6. 中国国家标准化管理委员会

中国国家标准化管理委员会(中华人民共和国国家标准化管理局)为国家质检总局管理的事业单位。国家标准化管理委员会是国务院授权的履行行政管理职能,统一管理全国标准化工作的主管机构,统一制定并颁布我国的国家标准。中国是 ISO 的正式成员,在 ISO 中代表中国的组织为中国国家标准化管理委员会(Standardization Administration of China,SAC)。

7. 万维网联盟

万维网联盟(World Wide Web Consortium,W3C),又称 W3C 理事会。1994 年 10 月在

麻省理工学院计算机科学实验室成立。创建者是万维网的发明者蒂姆·伯纳斯·李。万维网联盟是国际最著名的标准化组织之一。1994 年成立后，至今已发布近百项万维网的相关标准，对万维网的发展做出了杰出的贡献。万维网联盟拥有来自全世界 40 个国家的 400 多个会员组织，已在全世界 16 个地区设立了办事处。2006 年 4 月 28 日，万维网联盟在中国内地设立首个办事处。W3C 致力于实现所有的用户都能够对 web 加以利用（不论其文化教育背景、能力、财力，以及身体是否残疾）。

习　题

一、名词解释

1. 计算机网络

2. 拓扑结构

3. 通信子网

4. 互联网+

二、简答题

1. 什么是计算机网络？现代计算机网络具有哪些特点？

2. 计算机网络的发展可以划分为几个阶段？每个阶段各有什么特点？

3. ARPAnet 对计算机网络发展的主要贡献是什么？

4. 计算机网络主要有哪些拓扑结构？各有什么特点？

5. 计算机网络的未来发展如何？谈谈你的观点。

第 2 章　数据通信技术基础

2.1　数据通信的概念

2.1.1　数据通信

要理解什么是数据通信，首先我们要了解一些术语。

信息（information）：信息在不同的领域有各种不同的定义，一般认为信息是人们对现实世界事物存在方式或运动状态的某种认识。

消息（message）：通俗地说，消息就是新鲜事儿，通信的目的就是传送消息，人类感知和交流信息的语言、文字、图像、音频、视频等都是消息。

数据（data）：在计算机网络通信中，数据就是表示消息的实体，通常是有意义的符号序列，如计算机产生或处理的二进制比特组合。

信号（signal）：在计算机网络通信中，信号是表示计算机数据的物理量。常用的物理信号有电信号、光信号、无线电信号等。

数据通信是指依照一定的通信协议，在两点或多点之间通过某种物理传输媒体和信号以二进制数据单元形式（即数据分组）交流信息的过程。很多资料中把数据通信等同于计算机网络通信，简称数通。

2.1.2　数字通信

数字通信和数据通信的概念容易混淆。要理解什么是数字通信（digital telecomm-unications），首先要理解什么是数字技术（digital technology）。

数字技术是指借助一定的设备，将各种信息转化为计算机能识别的二进制数字"0"和"1"后进行运算处理、存储、传输、还原的技术。由于在运算、存储、传输等环节中需要借助计算机对信息进行编码、压缩、解码等，因此也称为数码技术、计算机数字技术等。数字技术属于信息技术。

随着信息技术的出现和发展，二进制"0"和"1"这两个离散的"数字"代号成为信息技术的基础。"数字"成为信息技术的特征，"数字"信息技术最集中的体现就是"数字"计算机技术。围绕二进制和计算机的技术，我们一般都冠以"数字"两个字。现代通信引入信息技术后，通信技术就逐渐进入数字通信时代。数字通信就是指用二进制"0"和"1"作为载体来传输消息的通信方式。数字通信相较于传统通信，有抗干扰能力强、差错可控、易加密等明显的优点。

数据通信属于数字通信，数字通信着重于"信号"，而数据通信的概念处于数字通信之上，数据通信着重于"数据分组"和"通信网络"。

2.1.3　模拟信号和数字信号

通信系统中，根据代表消息的参数的取值方式的不同，可将信号可分为两大类：
（1）模拟信号：代表消息参数的取值是连续的。
（2）数字信号：代表消息参数的取值是离散的。

注意，简单地根据信号的这个分类将通信分为模拟通信和数字通信是不准确的，不能将数字信号通信等同于数字通信。现在已经没有纯粹的模拟通信系统，我们现在讨论的通信系统，如无特殊说明，一般都是指数字通信系统，所以数字通信和模拟通信这个分类意义不大。

没有模拟通信系统，不代表没有模拟信号，模拟信号是一个具体的物理存在，我们现在的数字通信系统中还在大量使用模拟信号。例如常见的固定电话与电话局端设备之间的电话线上传送的电信号，手机和基站之间传送的电磁波信号就属于模拟信号。计算机系统内 CPU 和内存之间交流的电信号，以及计算机局域网网线上传送的电信号等，都属于数字信号。以上的简单举例只是为了便于理解，关于信号的模拟、数字之分还需要站在整个系统上才能准确理解，读者可深入学习数字通信系统原理。

2.1.4　数据通信系统性能指标

1. 比特（bit）

比特是信息量的度量单位，为信息量的最小单位。也读作位，经常用"b"表示。二进制数系统中，每个 0 或 1 就是一个比特。如二进制数 0100 就是 4 比特，即 4 bit。

2. 字节（Byte）

字节也是信息技术用于计量二进制量常用的一种单位，通常情况下一个字节等于 8 bit。常用"B"表示。例如 01001101 就是一个字节，即 1 B。

3. 数量级

因为比特和字节在目前的信息技术中是很微小的一个单位，我们在日常的工作生活中接触到的信息量都是成千上万比特或者字节，所以使用时常常在比特和字节前加上一些简写数量级。常用的数量级如表 2-1 所示。

表 2-1　常用数量级符号

数量级	词头	简写符号	英文
10^{21}	泽（它）	Z	Zetta
10^{18}	艾（可萨）	E	Exa
10^{15}	拍（它）	P	Peta
10^{12}	太（拉）	T	Tera
10^{9}	吉（咖）	G	Giga
10^{6}	兆	M	Mega
10^{3}	千	k	kilo
10^{-1}	分	d	deci
10^{-3}	毫	m	milli
10^{-6}	微	μ	micro
10^{-9}	纳（诺）	n	nano
10^{-12}	皮（可）	p	pico
10^{-15}	飞（母托）	f	femto

4．比特率

比特率也叫数据传输速率或信息速率，是指一个数据通信系统每秒传输二进制信息的位数，单位为比特/秒，记作 b/s。因为在数据通信系统中，每秒动辄传输成千上万比特，所以比特率的单位常用 kb/s、Mb/s 和 Gb/s 等。

5．误码率

误码率是衡量数据通信系统在正常工作情况下的传输可靠性的指标，表示二进制数据传输时出错的概率。由于数据信息都是用离散的二进制信号序列来表示，因此在传输过程中不论它经历了何种变换、产生了什么样的失真，只要信号到达接收端后，接收端能正确地恢复数据源发出的二进制数字信号序列，就达到了传输的目的。但如果有的二进制位或数由于失真而得不到恢复就产生了差错，它将影响数据传输的质量。在计算机网络中，一般要求误码率低于 10^{-6}，误码率公式为

$$P_e = (N_e / N) \times 100\% \qquad (2\text{-}1)$$

式中，N_e 为其中出错的位数，N 为传输的数据总位数。

2.2　数据通信系统

2.2.1　数据通信系统的模型

有效而可靠地传递信息是所有通信系统的基本任务。实际应用中存在各种类型的通信系

统，它们在具体的功能和结构上各不相同。点与点之间建立的通信系统是通信的最基本形式，其模型如图 2-1 所示。这一模型包括信源、变换器、信道、噪声、反变换器和信宿 6 个部分。

（1）信源是指发出信息的信息源，一般是指发送信息的计算机。

（2）变换器的功能是把信源发出的信息变换成适合在信道上传输的信号。在现代通信系统中，为满足不同的需求，需要进行不同的变换和处理，如调制、数/模转换、加密、纠错等。

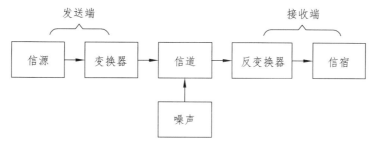

图 2-1　通信系统模型

（3）反变换器的功能是变换器的逆变换。由于变换器要把不同形式的信息变换成适合在信道传输的信号，通常这种信号不能为信息接收者直接接收，需要用反变换器从信道上接收的信号变换为接收者可以接收的信息。

（4）信宿是信息传输的终点，一般是指接收和处理信息的计算机。

（5）信道是信号传输媒介的总称，是信源和信宿之间的通信线路。不同的信源形式对应的变换处理方式不同，与之对应的信道形式也不同。

（6）噪声简单来说就是对有用信号的干扰，在实际的通信系统中是不可消除的客观存在，是通信模型中不可缺少的一个环节。干扰噪声可能在信源处就混入了，也可能从构成变换器的电子设备中引入。传输信道中的电磁感应，以及接收端的各种设备也都可能引入干扰。

2.2.2　信源和信宿

信源是指发出信息的信息源，一般是指发送信息的计算机。信息可以是一串数字，也可以是文字、图形、图像、声音、视频等。为了传输这些信息，在数字通信系统中，首先需要在信源处将它们变为"0""1"二进制编码，称之为信源编码。

信宿是传输信息的归宿，是相对信源来说的，其作用是将从信道接收到的信号转换成相应的消息。

在信源处，将原始信息转换为二进制代码。在信宿处，再进行反变换，将二进制编码转换为原来的信息，完成这个转换功能的设备叫编码解码器（CODEC）。信源处的信息一般称为信源数据，数据是信息的具体表现形式。信源数据也分为连续的模拟信源数据和离散的（数字）信源数据。例如，语音电话通信中的原始语音属于模拟类信源数据，而我们的文字代码属于离散类的信源数据（为了避免和二进制数字数据混淆，这里用离散）。简单地说，不论是何种信源数据在传输之前都要先转换为二进制数据。关于原始信息的二进制编码，可深入学习信息编码技术原理。我们重点学习数字通信系统中的相关编码技术。

数字通信最早应用在语音电话通信网中，在此之前的语音电话通信是纯粹的模拟通信系统，贝尔发明的电话机实现了模拟的声音信号和模拟的电波信号的相互转换（在话筒处声电转换），转换后的电信号通过金属电话线缆传递到听筒（在听筒处电声转换），声音实现了远距离快捷的传播。信息技术将数字通信带入语音电话通信系统中，就是在电话机和电话线之间加了编码/解码器，话筒处的连续模拟信号经过编码转换为离散数字信号（二进制代码），也称为 ADC；听筒处将收到的离散的数字信号解码为接近真实的连续模拟信号，也称为 DAC。这个技术就是对现代通信网影响深远的脉冲编码调制（Pulse Code Modulation，PCM）技术。

这里就以 PCM 编码为例简单介绍模拟类数据的一种数字传输过程，PCM 通信的简单模型如图 2-2 所示。

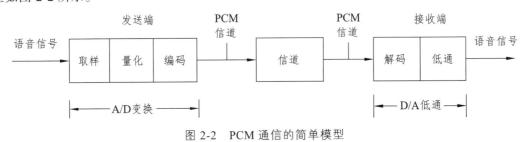

图 2-2　PCM 通信的简单模型

从图中可知，模拟语音信号变为 PCM 信号要经过抽样（又称采样或取样）、量化和编码3 个过程。

1．抽样

PCM 编码以抽样定理为基础，即如果在规定的时间间隔内，以有效信号最高频率的两倍或两倍以上的速率对该信号进行采样，则这些采样值中就包含了无混叠而又便于分离的全部原始信号的信息，利用低通滤波器可以不失真地从这些采样值中重新构造出原始信号。抽样定理表示公式为

$$F_s = 1/T_s \geq 2F_{max} \tag{2-2}$$

式（2-2）中，F_s 为抽样频率，T_s 为抽样周期，F_{max} 为原始有限带宽模拟信号的最高频率。

例如，电话中的话音信号的最高频率一般取 3 400 Hz，故抽样频率在 6 800 次/s 以上才有意义.早期规定以 8 000 Hz 的采样频率对话音信号进行采样，即抽样周期为 1/8 000 s=125 μs，则在样值中包含了话音信号的完整特征，由此还原出的话音是完全可理解和被识别的。话音信号抽样后信号所占用的时间被压缩了，这是后面要讲到的时分复用技术的必要条件。

PCM 抽样方法是每隔一定的时间间隔 T，在抽样器上接入一个抽样脉冲，取出话音信号的瞬时电压值（即抽样值），抽样频率越高，抽样值恢复原始信号的精度越高。

2．量化

抽样后的信号，其幅度的取值仍是无限多个。将抽样所得到的信号幅度按 ADC 的量级分级取有限的量化值。量化可以采取四舍五入的方法，使每一个抽样后的幅值用一个临近的整数值来近似。

3．编码

编码就是把量化后抽样点的幅值分别用代码表示，经过编码后的信号，就已经是 PCM 信号了。假设量化分 8 个等级，就需要用 3 位二进制码表示。二进制代码的位数代表了采样值的量化精度。实际语音电话应用中，通常用 8 位二进制码来表示一个样值。这样，对话音信号进行 PCM 编码后所要求的数据传输速率为

$$8\ \text{bit} \times 8\ 000\ \text{Hz} = 64\ 000\ \text{b/s} = 64\ \text{kb/s}$$

PCM 技术推动了数字通信的发展，并随着固定电话通信网的发展迅速普及，相关标准也成为现代通信网技术甚至信息技术的基础。PCM 编码不仅可用于数字化语音数据，还可以用于数字化视频、图像等模拟数据。例如，彩色电视信号的带宽为 4.6 MHz，采样频率为 9.2 Hz，如果采用 10 位二进制编码来表示每个采样值，则可以满足图像质量的要求。这样，对电视图像信号进行 PCM 编码后所达到的数据速率为 92 Mb/s。

2.2.3　信道

1．信道

信道是通信双方以传输介质为基础传递信号的通路，由传输介质及其两端的信道设备共同组成。任何信道都具有有限带宽，所以从抽象的角度看，信道实质上是指定的一段频带，它允许信号通过，但又给信号限制和损害。

为了使信号的波形特征能与所用的信道传输特性相匹配，以达到最有效、最可靠的传输效果，需要对信号进行变换，称之为信道编码。来自信源的信号常称为基带信号，计算机输出的代表各种信息的数据信号都属于基带信号。基带信号往往包含有较多的低频成分，甚至有直流成分，而许多信道并不能传输这种低频分量或直流分量，为了解决这个问题，就必须进行合适的信道编码。

数字通信系统的信道编码分为两类，一是对基带信号波形进行变化，使之能与信道特性相适应，变换后的信号是另一种形式的数字信号，一般称这个过程为编码。二是通过载波调制，将基带信号的频率范围搬移到较高的频段，并转换为模拟信号，使之能更好地在模拟信道中传输，一般称这个过程为调制。

2．信号速率

信号速率是指在信道上传输信号的波形速率（又称"码元速率""波特率"或"调制速率"），反映单位时间内通过信道传输的码元数，单位为波特，记作 Baud。在传输中，往往用一种信号波形来代表一个码元，波形的持续时间与它所代表的码元的时间长度一一对应。显然，一个波形的持续时间越短，在单位时间内传输的波形数就越多，信号速率越高，数据的传输速度也越高。波特率 B 可按以下公式计算：

$$B = f = 1/T \quad (\text{Baud}) \tag{2-3}$$

式 2-3 中，f 为码元频率，单位为赫兹（Hz），T 为一个码元信号的宽度或重复周期，单位为秒（s）。

需要注意比特率和波特率是在两种不同概念上定义的速度单位，两者容易混淆，尤其是在采用二元波形时，比特率和波特率在数值上是相等的，但它们所代表的意义却不同，要反映真实的数据传输速度，必须使用比特率。

一个波形所携带的信息量等效于该波形所代表的二进制码元数，比特率 S 可按下式计算：

$$S = 1/T \log_2 N \tag{2-4}$$

式 2-4 中，T 为一个码元信号的宽度或重复周期，单位为秒（s）；N 为信号波形的有效状态数，是 2 的整数倍。如信号波形有两种有效状态，就可以分别代表为 0 和 1，故 $N=2$；如果信号波形有 4 种有效状态，就可以分别代表 00、01、10 和 11，故 $N=4$。

通常 $N=2^K$，K 为一个波形表示的二进制信息位数，$K=\log_2 N$，当 $N=2$ 时，$S=1/T$，表示数据传输速率等于信号速率。

【例 2-1】 采用四相调制方式，即 $N=4$ 且 $T=8.33 \times 10^{-4}$ s，求该信道的波特率和比特率。

解： $B = 1/T = 1/（8.33 \times 10^{-4}）= 1\,200$ （Baud）

$S = 1/T \log_2 N = 1/（8.33 \times 10^{-4}）\times \log_2 4 = 2\,400$ （b/s）

3. 信道带宽

在数据传输中，人们还经常提到信道的带宽。带宽有两种解释，第一种解释是指信道中能够传送信号的最大频率范围，也叫信道物理带宽，单位是赫兹（Hz）。

在实际的数据通信中，没有任何信道能毫无损耗地通过信号的所有频率分量，这是由于支持信道的物理实体（传输介质）都存在固有的传输特性，即对信号的不同频率分量存在着不同程度的衰减。也就是说，信道也具有一定的振幅频率特性，因而导致传输信号发生畸变。如果信号的带宽小于信道的带宽，则输入信号的全部频率分量都能通过信道，由此得到的输出信号将不会失真。如果信号的带宽大于信道的带宽，则输入信号的部分频率分量将不能通过信道，从而造成输出的信号发生畸变或失真。为了保证数据传输的正确性，在确定的信道带宽下，必须限制信号的带宽。由此可见，信道的带宽不仅影响着信号传输的质量，而且限定了信号的传输速率。即使对于理想信道，有限的带宽也限制了数据的传输速率。

第二种解释是指一个信道的最大数据传输速率，也叫信道容量，单位是比特/秒（b/s）。带宽是一种理想状态（不受任何干扰，没有任何衰减）下的信道数据传输速率，是信道传输数据能力的极限，而之前介绍的数据传输速率一般是指实际的数据传输速率。"数据传输速率"永远小于"带宽"。

1）奈奎斯特准则

数字基带信号的频带非常宽，但其能量主要集中在低频段。数据通信中的一些电缆信道为低通信道，即允许低频率成分通过，而高频成分被滤掉，这就造成了信号的失真。失真信号的波形底部变宽，使得一个码元的波形展宽到其他码元的位置，造成了码间干扰。

1924 年，美国物理学家奈奎斯特（Nyquist）就认识到了这些限制的存在，并推导出无噪声低通信道的实际最高码元传输速率，即无码间干扰的最高波特率。

奈奎斯特无噪声下的码元速率极限值 B 与信道带宽 H 的关系如下：

$$B=2H（\text{Baud}）\tag{2-5}$$

离散无噪声低通信道的容量计算公式为

$$C=2H\log_2 N（\text{b/s}）\tag{2-6}$$

在式（2-5）和式（2-6）中，H 为信道的带宽，即信道传输上、下限频率的差值，单位为赫兹（Hz）；N 为一个码元所取得离散值个数，C 为信道容量。

例如，一个无噪声低通信道带宽为 2 000 Hz 时，其最高码元传输速率就为 4 000 Baud。一路数字语音电话速率为 64 kb/s（假设采用二元码型，波特率等于比特率，为 64 kBaud），其无码间干扰的物理信道带宽为 32 kHz。

【例 2-2】 普通电话线路带宽约 3 kHz，求码元速率极限值。若码元的离散值个数 $N=16$，求最大数据传输速率。

解：

$B=2H=2 \times 3 \text{ kHz}=6 \text{ kBaud}$

$C=2 \times 3 \text{ kHz} \times \log_2 16=24 \text{ kb/s}$

2）香农公式

1948 年，香农（Shannon）把奈奎斯特的定理进一步扩展到信道受到随机噪声干扰的情况，即香农定理。香农的结论是根据信息论推导出来的，适用范围非常广。但是，它仅仅给出了一个理论极限，在实际应用中，要接近这个极限是相当困难的。带随机热噪声的模拟信道容量公式（香农公式）为

$$C=H\log_2（1+S/N）（\text{b/s}）\tag{2-7}$$

式中，H 为带宽，S 为信号功率，N 为噪声功率，S/N 为信噪比，通常把信噪比表示成 $10\lg（S/N）$，单位为分贝（dB）。

【例 2-3】 已知信噪比为 30 dB，带宽为 3 kHz，求信道的最大数据传输速率。

解：

$10\lg（S/N）=30$

$S/N=10^{30/10}=1\ 000$

$C=3\ 000 \times \log_2（1+1\ 000）\approx 30 \text{ kb/s}$

2.3　传输介质

传输介质又叫传输媒介，是构成信道的主要部分，是数据通信系统中源到宿的物理线路，它的特性直接影响通信的质量指标，如信道容量、传输速率、误码率、路线费用等。

在计算机网络中有多种传输介质，总体上可分为两大类：导引型传输介质和非导引型传

输介质。

1. 导引型传输介质

导引型传输介质也就是信号被固定沿着信道的一个或多个方向进行传输的介质，主要是指常见的有线介质：双绞线、同轴电缆和光纤。

1）双绞线

双绞线（twisted pair）适用于模拟和数字通信，是一种通用的传输介质，特别是在短距离范围内（如局域网）应用非常广泛。把两根互相绝缘的铜导线按照一定规则互相扭绞在一起，在外层再套上一层保护套或屏蔽套，就可以做成双绞线。成对线扭绞的目的是使电磁辐射和外部电磁干扰减到最小。多对双绞线封装后构成对称电缆。双绞线的传输速率取决于芯线质量、传输距离、距离和接收信号的技术等。芯线为软铜线，一般线径为 0.4 ~ 1.4 mm 不等，每根线夹绝缘层并有颜色来标记。双绞线分为非屏蔽双绞线（UTP）和屏蔽双绞线（STP）两种，如图 2-3 所示。屏蔽双绞线带有金属屏蔽外套，抵抗外部干扰的能力强。

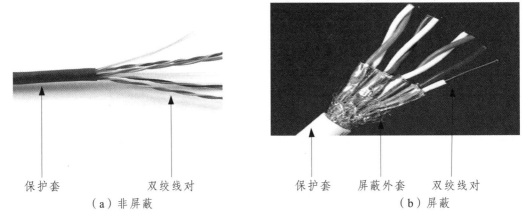

保护套　　　　　双绞线对　　　　　保护套　　屏蔽外套　　双绞线对
（a）非屏蔽　　　　　　　　　　　　　（b）屏蔽

图 2-3　屏蔽双绞线和非屏蔽双绞线

EIA/TIA（美国电子通信工业协会）按质量等级给双绞线定义了技术标准，目前计算机局域网组网时主要选择 5 类和超 5 类的非屏蔽双绞线，新的 UTP 产品还有 6 类和 7 类线缆。类型数字越大，版本越新，技术越先进，带宽也越宽，当然价格也越高。

1 类：由两对双绞线组成的非屏蔽双绞线，频谱范围窄，通常在局域网中不使用，主要用于传输语言信息，传统的电话线即为 1 类线。

2 类：由 4 对双绞线组成的非屏蔽双绞线。主要用于语音传输和最高可达 4 Mb/s 的数据传输，早期用于 1 Mb/s 令牌网。

3 类：由 4 对双绞线组成的非屏蔽双绞线。主要用于语音传输和 10 Mb/s 以太网。

4 类：由 4 对双绞线组成的非屏蔽双绞线。主要用于语音传输和 16 Mb/s 令牌网，也可勉强用于 10/100 Mb/s 以太网。

5 类：由 4 对双绞线组成的非屏蔽双绞线。用于语音传输和高于 100 Mb/s 的数据传输，主要用于百兆以太网。

超 5 类：由 4 对双绞线组成的非屏蔽双绞线。与 5 类线相比，超 5 类线所使用的铜导线质量更高，单位长度绕数也更多，因而衰减和信号串扰更小，也可以用于吉比特以太网。

6 类：是一种新型的非屏蔽双绞线，适用于传输速率高于 1 Gb/s 的应用。

非屏蔽双绞线具有直径小、节省空间、成本低、重量轻、易安装等特点，非常适用于结构化综合布线。虽然双绞线与其他传输介质相比，在传输距离、信道带宽、数据传输速度等方面能力有限，但其价格较为低廉，目前是计算机局域网中首选的传输介质。

2）同轴电缆

同轴电缆（coaxial cable）由内导体铜质芯线（单股实心线或多股绞合线）、绝缘层、外导体屏蔽层、塑料保护套（外层）等构成，如图 2-4 所示。同轴电缆的低频串音及抗干扰特性不如对称双绞线电缆，但随着频率升高，外导体的屏蔽作用增强，其串音和抗干扰能力大为改善，所以常用于较高速率的数据传输，但其价格比双绞线高。

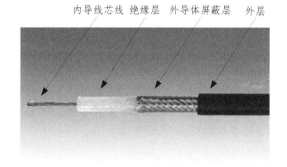

图 2-4　同轴电缆

同轴电缆按其特性阻值的不同，主要可以分为 50 Ω 和 75 Ω 两类。

50 Ω 同轴电缆又称基带同轴电缆，用于传输基带数字信号，专为数据通信网所用。使用这种同轴电缆在 1 km 距离内，基带数字信号传输速率上限可达 50 Mb/s，一般应用在 10 Mb/s。

75 Ω 电缆是公用天线电视系统（CATV）采用的标准电缆，它常用于传输频分多路（FDM）方式产生的模拟信号，频率可达 300～500 MHz，所以又称它为宽带同轴电缆。使用该电缆也可传输数字信号。

同轴电缆按其线缆粗细的不同，还可分为粗缆和细缆。粗缆抗干扰性能好，传输距离较远；细缆价格低，传输距离较近。

3）光纤

光纤（fiber optical cable）是由一组光导纤维作为芯线加上防护外皮做成的。光纤通常由非常透明的石英玻璃拉成细丝，柔韧并能传输光信号的传输介质，主要由纤芯和包层构成双层同心圆柱体，如图 2-5 所示。相对于其他传输介质，光纤具有传输距离长、传输速率高、安全性好等特点，主要适用于长距离、大容量、高速度的场合，如大型网络的主干线等。

图 2-5　光纤构造及光传播情况

光纤只能作单向传输，如需双向通信，则应成对使用。当光线从一种介质转入另一种介质时发生折射，如果射到光纤表面的光线的入射角大于一个临界值，就会发生全反射，光线将完全限制光纤之中。不同光线在介质内部以不同的反射角传播。可认为每一束光有一个不同的模式，具备这种特性的光线称为多模光纤。当光纤的直径减少到一个光波波长的时候，光纤就如同一个波导，光在其中没有反射，而沿直线传播，这就是单模光纤。

单模光纤需要使用较贵的半导体激光器作为光源，仅有一条光通路，传输距离远，在传输速率为 2.5 Gb/s 下的无中继传输距离可达几十千米，目前在传输干线和室外线路上一般都使用单模光纤。多模光纤使用较便宜的发光二极管作光源，在传输过程中存在光线扩散，容易造成信号失真，因此一般只在局域网的室内线路使用。

光纤通过传递光脉冲来进行数字通信，有光脉冲相当于传输 "1"，而没有光脉冲相当于传输 "0"。一根光纤相当于一条在 $10^{14} \sim 10^{15}$ Hz 波段内工作的光波导，可用于传输的带宽约为 10^8 MHz 数量级，所以它是目前最理想的宽带传输介质。光纤作为传输介质具有传输速率高、频带宽、误码率低、传播时延小、抗干扰能力强、线径细重量轻等优点。

4）无线传输介质

在自由空间传播的电磁波或光波成为 "无线" 传输介质，它不同于有线信道，不用电缆铜线或光纤连接，而是采用各个波段的无线电波或光波等进行传播。因此，无线信道不受固定位置的限制，可全方位三维立体通信和移动通信。

无线电波：在数据通信中所用的无线频率范围为 30 MHz ~ 300 GHz，主要应用于 600 MHz 以上的高端频段。由于这个频段内的信号会穿透电离层，传播损耗较大，所以一般用于沿地面局部范围的通信应用。例如，用于电视和收音机广播。在组网通信中，广泛用于移动通信电话网、移动数据网等。

红外线：红外线链路只需一对收发器，设备相对比较便宜，且不需要天线。在调制不相干的红外光后，即可在较小的范围传输数据。红外线具有很强的方向性，可防止窃听、插入数据等，但对环境干扰敏感。计算机网络可以使用红外线进行数据传输，电视和立体声系统所使用的遥控器都是使用红外线进行通信。

激光通信：在有线网络中，可以在光纤内使用光进行通信，同样，光也能在空气中传输数据。激光通信技术将激光与电子很好地结合在一起，具有通信容量大、通信质量高、保密性好等特点。

2.4　信号编码和数据传输

信号编码又叫信道编码，目的是使信号的波形特征能与所用的信道传输特性相匹配，以达到最有效、最可靠的传输效果。

信道中传输的信号有基带信号和频带信号之分，数字信号一定是基带信号，而模拟信号一定是频带信号。数字数据在计算机系统内采用数字基带信号编码。数据通信系统的信源一般为计算机，所以来自信源的信号为基带信号。为了使信源处的基带信号适应信道的特性，须对基带信号进行调制或者编码。如图 2-1 所表明的那样，通信系统中变换器的目的是将原始的电信号变换成其频带适合信道传输的信号，反变换器在接收端将收到的信号还原成原始的电信号。

2.4.1　基带信号的调制和编码

1．基带信号调制

传统的远距离通信线路大多为频带传输路线（如载波电话线路），不能直接传输基带信号，所以必须采用模拟信号传输。模拟信号传输的基础是载波，载波的三大要素是幅度、频率和相位，它是一个频率恒定的连续正弦波信号。

所谓频带传输，就是把二进制信号进行调制变换，成为能在公共电话网中传输的模拟信号，将模拟信号在传输介质中传送到接收端后，再由调制解调器将该音频信号解调变换成原来的二进制电信号。这种将数据信号经过调制再传送，到接收端又经过解调还原成原来信号的传输，称为频带传输。频带传输不仅克服了目前许多长途电话线路不能直接传输基带信号的缺点，而且能实现多路复用，从而提高了通信线路的利用率。

根据调制所控制的载波参数的不同，主要分为 3 种调制方式，分别是幅移键控法（ASK）、频移键控法（FSK）和相位键控法（PSK），如图 2-6 所示。

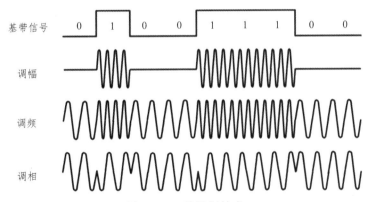

图 2-6　三种调制技术

ASK：频率和相位不变，幅值受数字信号控制。在 ASK 方式下，用载波的两种不同幅度来表示二进制的两种状态，该方法是一种低效的调制方法。

FSK：幅值和相位不变，频率受数字信号控制。在 FSK 方式下，用载波频率附近的两种不同频率来表示二进制的两种状态，可实现全双工操作。

PSK：幅值和频率不变，相位受数字信号控制，用载波信号的相位移动来表示数据。PSK 可使用二相或多于二相的相移，可对传输速率起到加倍的作用。由 PSK 和 ASK 结合的相位幅度调制为 PAM，是解决相移数已达到上限但还需要提高传输速率的有效方法。

2．基带信号编码

所谓基带传输，是指不经频谱搬移，数字数据以原来的"0"或"1"的形式原封不动地在信道上传送。基带是指电信号所固有的基本频带，在基带传输中，传输信号的带宽一般较高，普通的电话通信线路满足不了这个要求，需要根据传输信号的特性选择专用的传输线路。

基带传输方式简单，近距离通信的局域网一般都采用基带传输。对于传输信号最常用的表示方法是用不同的电压电平来表示两个二进制数，即用数字信号编码（如矩形脉冲编码）来表示（见图 2-7）。

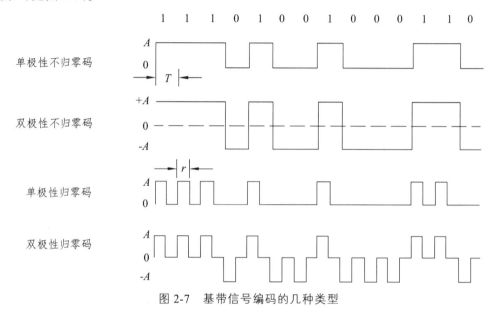

图 2-7   基带信号编码的几种类型

单极性不归零码只用一个极性的电脉冲，有电压脉冲表示 1，无电压脉冲表示 0，并且在表示一个码元时，电压均无须回到零。所以称为不归零码（NRZ）。该编码是一种全宽码，即一个码元占一个单位脉冲的宽度，

双极性不归零码采用两极性的电压脉冲，一种极性电压脉冲表示 1，另一种极性的电压脉冲表示 0。

单极性归零码也只能用一个极性的电压脉冲，但"1"码持续时间短于一个码元的宽度，即发出一个窄脉冲；无电压脉冲表示"0"。

双极性归零码采用两种极性的电压脉冲，"1"码发正的窄脉冲，"0"码发负的窄脉冲。

采用不同的编码方案各有利弊，如归零码的脉冲较窄，在信道上占用的频带较宽；单极性码会积累直流分量；双极性码的直流分量少。

近年来，随着高速网络技术的发展，NRZ 编码受到人们的广泛关注，并成为主流编码技术，在一些高速网络中都采用 NRZ 编码，其原因是在高速网络中要尽量降低信号的传输带宽，有利于提高数据传输的可靠性，降低对传输介质的带宽要求。而 NRZ 编码中的码元速率始终一致，具有很高的编码效率，符合高速网络对信号编码的要求。

至于出现连续"0"或"1"时所产生的直流分量积累问题，是通过加一级预编码器来解决的，即 NRZ 并非单独应用，而是采用两级编码方案。第一级用 4B/5B 或 5B/6B 等预编码对数据流进行编码，编码后的数据流不会出现连"0"或连"1"，然后再进行第二级的 NRZ 编码，实现物理信号的传输。通过这种两级编码方案，可实现编码效率达到 80%以上。

2.4.2　多路复用技术

在通信系统中，通常信道所能提供的带宽往往比传输一路信息所需要的带宽要宽的多，因此，一个信道只传送一路信号有时是很浪费的。为了充分利用信道的带宽，提出了复用的问题。多路复用技术是将传输信道在频率域或时间域上进行分割，形成若干个独立的子信道，每一个子信道单独传输一路数据信号。从电信角度看，相当于多路数据被复合在一起共同使用一条共享信道进行传输，所以称为复用。复用技术包括复合、传输和分离 3 个过程，由于复合和分离是互逆过程，通常把复合与分离装置放在一起，做成所谓的复用器，多路信号在复合器之间的一条复用线上传输。复用及解复用过程如图 2-8 所示。

常用的信号复用方法可以按时间、空间、频率或波长等来区分不同的信号，主要有 4 种形式：频分复用、时分复用、波分复用和码分多路复用。

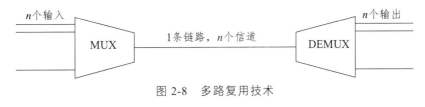

图 2-8　多路复用技术

1.　频分多路复用

FDM 是一种模拟复用方案，输入 FDM 系统的信息是模拟的且在整个传输过程中保持为模拟信号。在物理信道的可用带宽超过单个原始信号所需带宽的情况下，可将该物理信道的总带宽分割成若干个与传输单个信号带宽相同（或略宽）的子信道，每个子信道传输一路信号。

多路原始信号在频分复用前，先要通过频谱搬移技术将各路信号的频谱搬移到物理信道的不同频段上，使各信号的带宽互不重叠，然后用不同的频率调制每一个信号，每个信号需要一个以它的载波频率为中心的一定带宽的通道。为了防止互相干扰，使用保护带来隔离每一个通道。

FDM 技术成功应用的例子是长途电话通信中的载波通信系统，但目前该系统已逐步由 SDH 光纤通信系统所代替，此外，FDM 技术也可用于 AM 广播电台和计算机网络中。

2.　时分多路复用

由抽样理论可知，抽样是将时间上连续的信号变成离散信号，其在信道上占用的时间的有限性为多路信号在同一信道上传输提供了条件。若信道能达到的位传输速率超过传输数据所需的数据传输速率，就可采用时分多路复用技术，即将一条物理信道按时间分成若干个时间片轮流地分配给多个信号使用。

时分多路复用分可为同步时分多路复用和异步时分多路复用。同步时分多路复用是指分配给每个终端数据源的时间片是固定的，不管该终端是否有数据发送，属于该终端的时间片都不能被其他终端占用。异步时分多路复用也像同步时分多路复用一样，通过时间来共享物理链路，一个数据流先被传送到物理链路上，然后再传送另一个数据流，以此类推。不同的是它允许动态地分配时间片，如果某个终端不发送信息，则其他的终端可以占用该时间片。

3. 波分多路复用

光波的频率远高于无线电频率，每一个光源发出的光波由许多频率组成。光纤通信的发送机和接收机被设计成发送和接收某一特定波长的光波。波分复用技术将不同的光发送机发出的信号以不同的波长沿光纤传输，且不同波长的光波之间不会相互干扰，每个波长的光波在传输线路上都是一条光通道。光通道越多，在同一根光纤上传送的信息就越多。

由于波长与频率相关，因而 WDM 与 FDM 技术非常相似。FDM 主要应用于电通信系统，而 FDM 主要应用于光波通信系统传输光信号，并按照光的波长区分信号。每个波长的光波可以承载模拟信号或数字信号，该信号往往是已被 FDM 或 TDM 复用后的信号。

最初只能在一根光纤上复用两路光波信号，随着技术的发展，在一根光纤上复用的光波信号越来越多，现在已经做到在一根光纤上复用 80 路或更多的光载波信号，这种复用技术称为密集波分复用（Dense Wavelength Division Multiplexing，DWDM）。DWDM 技术已成为通信网络带宽高速成长的最佳解决方案，光纤技术的发展与 DWDM 技术的应用与发展密切相关，自 20 世纪 90 年代中期以来发展极为迅速，32 Gb/s 的 DWDM 系统已经大规模商用。

4. 码分复用

码分多路复用也是一种共享信道的技术，它对不同用户传输信息所用的信号不是靠频率不同或时隙不同来区分，而是用不同的编码序列来区分的，或者说，是靠信号的不同波形来区分的。每个用户可在同一时间使用同样的频带进行通信，但使用的是基于码型的分割信道的方法，及给每个用户分配一个地址码，且每个码形互不重叠，通信各方之间不会互相干扰。

2.5 数据交换技术

在数据通信网中，通过网络节点的某种转换方式来实现两个系统之间建立数据通路的技术，称为数据交换技术。交换是通信网技术的核心。

最简单的数据通信形式是两个站点直接用线路连接进行通信，但直接相连的网络有局限性。首先，这种网络限制了可以连接到网络上的主机和一个网络能单独工作的地理范围，如点对点的链路只能连接两台主机；其次，任意两个站点直线的专线连接费用昂贵，架设线路也成了问题。如 n 个节点要全连通，则其中任意节点同其他所有（$n-1$）个节点都有专线连接，如不采用交换，需要 $n(n-1)/2$ 条专线，当 $n=1\,000$ 时，为 50 万条线路，采用交换技术后，最少只需要 n 条线路。

计算机网络中的数据交换方式可分为电路交换、报文交换、报文分组交换等。

2.5.1　电路交换

电路交换（circuit switching）是为一对需要进行通信的装置（站）之间提供一条临时的专用物理通道，以电路连接为目的的交换方式。这条通信是节点内部电路对节点间的传输路径通过适当选择、连接而完成的，是由多个节点和多条节点间传输路径组成的链路。

1. 电路交换原理

电路交换是源于传统的电话交换原理发展而成的一种交换方式，它的基本处理过程包括呼叫建立、通话（信息传送）和连接释放 3 个阶段。就是在通信开始时建立电路的连接，通信完毕时断开电路。至于在通信过程中双方是否在互相传输送信息，传送什么信息，这些都与交换系统无关。

1）电路交换原理

网络中的站点在数据传输之前，要先经过呼叫过程建立一条源站到目标站的线路。如图 2-9 的网络拓扑结构中，1、2、3、4、5、6、7 为网络交换节点，A、B、C、D、E、F 为网络通信站点，若 A 站要与 D 站传输数据，需要在 A、D 之间建立一条物理连接。具体方法是：站点 A 向节点 1 发出欲与站点 D 连接的请求，由于站点 A 与节点 1 已有直接连接，因此不必再建立连接。需要继续在节点 1 到节点 4 之间建立一条专用线路。图 2-9 中可以看到，节点 1 到节点 4 的通路有多条，比如 1—2—7—4、1—6—5—4 和 1—2—3—4 等，因此需要根据一定的路由选择算法，从中选择一条，如 1—2—7—4。节点 4 在利用直接连线与站点 D 连通，至此就完成 A~D 之间的线路建立。

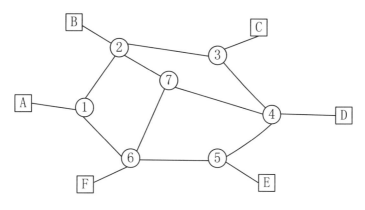

图 2-9　交换网络

2）数据传送

在源站和目标站已建立的传输通道上进行信号传输。电路 1—2—7—4 建立以后，数据就可以从站点 A 传输到站点 D。在整个数据传输过程中，所建立的电路必须保持连接状态。

3）电路拆除

数据传输结束后，由源结点或目标节点发出拆除请求，然后逐节点拆除到对方节点，释放由该线路占用的节点和线路资源。

2. 电路交换主要特点

（1）数据的传输时延短且时延固定不变，适用于实时大批连续数据传输。

（2）数据传输迅速可靠，并且保持原来的顺序。

（3）电路连通后提供给用户的是"透明通路"，即交换网对站点信息的编码方法、信息格式以及传输控制程序等都不加限制，但是互相通信的站点必须是同类型的，否则不能直接通信，即站与站的收发速度、编码方法、信息格式、传送控制等一致才能完成通信。

（4）电路（信道）利用率低。由于电路建立后，信道是专用的（被两站独占），即使在两站之间数据传输的间歇期也不让其他站点使用。

2.5.2　报文交换

报文交换（message switching）是把待传送的信息存储起来，等到信道空闲时发送出去。只要存储时间足够长，就能把忙碌和空闲的状态均匀化，大大压缩了必需的信道容量和转接设备的容量。

1. 报文交换原理

报文交换采用存储-转发方式，是源于传统的电报传输方式而发展起来的一种交换技术。它不像电路交换那样需要通过呼叫建立起物理连接通路，而是以接力方式，让数据报文在沿途各节点经接收-存储-转发，逐段传送到目的站点的系统。其特点是一个时刻仅占用一段通道。在每个节点，收到整个报文并检查无误后，就暂存这个报文，然后利用路由信息找出下一个节点的地址，再把整个报文传送给下一个节点，节点与节点之间无须先通过呼叫建立连接。在交换节点中需要缓存存储，报文需要排队，故报文交换不能满足实时通信的要求。

在报文交换中，数据是以完整的一份报文为单位的，报文就是站点一次性要发送的数据块，其长度不限且可变。进入网络的报文除了有效的数据部分外，还必须附加上一些报文信息（如报文的开始和结束标志，报文的源/宿地址和控制信息等）。

2. 报文交换的特点

（1）信道利用率高。由于许多报文可以分时共享两个节点之间的通道，所以对于同样的通信量来说，对电路的传输能力要求较低。

（2）可以把一个报文发送到多个目的地。

（3）可以实现报文的差错控制和纠错处理，还可以进行速度和代码的转换。

（4）不能满足实时或交互式的通信要求，报文经过网络的延迟时间长且不定。

（5）有时节点受到过多的数据而无空间储存或不能及时转发，就会丢失报文。

2.5.3　分组交换

分组交换（packet switching）也叫包交换，是报文交换的一种改进，它采用了较短的格式化的信息单位，称为报文分组（packet）。也就是将报文分成若干个分组，每个分组规定了最大长度，有限长度的分组使得每个节点所需的存储能力降低了，分组可以存储到内存中，提高了交换速度。它适用于交互式通信，如终端与主机通信。采用分组交换后，发送信息时需要把报文信息拆分并加入分组报头，即将报文转化成分组；接收时还需要去掉分组报头，将分组数据装配成报文信息。所以用于控制和处理数据传输的软件较复杂，同时对通信设备的要求也较高。报文分组交换有虚电路分组交换和数据报分组交换两种，它是计算机网络中使用最广泛的一种交换技术。

在分组交换中，每个分组的传送是被单独处理的。每个分组自身携带足够的地址信息。一个节点收到一个分组后，根据分组中的地址信息和节点所储存的路由信息，找出一个合适的路径，把分组原样地发送到下一节点，各个分组所走的路径不一定相同，传送过程如图 2-10所示。

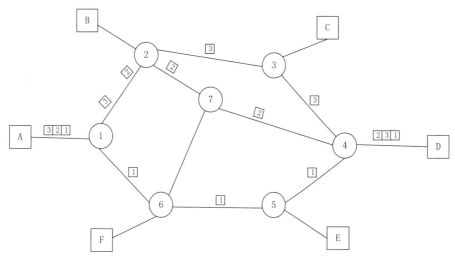

图 2-10　分组交换技术

分组交换与电路交换相比有许多优点，较之电路交换对链路的独占性而言，不同的数据分组可以在同一条链路上以动态共享和复用方式进行传输，通信资源利用率高，因为节点到节点的单个链路可以由很多分组动态共享，从而使得信道的容量和吞吐量有了很大的提升，而且提高了网络的可靠性。

分组交换与电路交换相比也有一些缺点，一个分组通过一个分组交换网节点时会产生时延，而在电路交换网中则不存在这种时延。再者开销大，要将分组通过网络传送，包括目的地址在内的额外开销信息和分组排序信息必须加在每一个分组里。这些信息降低了可用来运输用户数据的通信容量。在电路交换中，一旦电路建立，这些开销就不再需要了。另外，分组交换网络是一个分布的分组交换节点的集合，在理想情况下，所有的分组交换节点应该总是了解整个网络的状态。但是，不幸的是，因为节点是分布的，在网络某一部分状态的改变与网络其他部分得知这个改变之间总是有一个时延。此外，传递状态信息需要一定的费用，因此一个分组交换网络从来不会"完全理想地"运行。

思考：各种交换技术的优缺点。

2.6 差错控制

2.6.1 差错的产生

数字通信系统的基本任务是高效率而无差错地传送数据，与其他的通信相比，数据信息对差错控制的要求较高，但在任何一种通信线路上都不可避免地存在一定程度的噪声，这将会使接收端的二进制位和发送端实际发送的二进制位不一致，造成信号传输差错。例如，线路本身电器造成的随机噪声、信号幅度的衰减、频率和相位的畸变、相邻线路间的串扰，以及各种外界因素（如大气中的闪电、开关的跳火、外界强电流磁场的变化、电源的波动等）都会造成信号的失真。

2.6.2 差错的控制

为了减少传输差错，通常采用两种基本的方法：改善线路质量、差错检测与纠正。

改善线路质量，使线路本身具有较强的抗干扰能力，是减少差错的最根本途径。例如，现在正越来越多地使用光纤传输系统，其误码率已低于 10^{-9}，这就从根本上提高了信道的传输质量。

差错的检测与纠正也称为差错控制，要实现差错控制，就必须具备两种能力：一是具备发现差错的能力，即检错；二是具备纠正错误的能力，即纠错。

在数据通信过程中能发现和纠正差错，是一种主动式的防范措施。它的基本思想是：数据信息位在向信道发送之前，先按照某种关系附加上一定的冗余位，对所传输的数据进行抗干扰编码后再发送，并以此来检测和校正传输中是否发生错误，这就是所谓的信道编码技术，这个过程称为差错控制编码过程。接收端收到该码字后，检查信息位和冗余位之间的关系，以检查传输过程中是否有差错发生，这个过程称为校验过程。

检错通常通过对差错编码进行校验来实现。

纠错一般采用自动重发请求（ARQ）的方法来实现，即接收端根据检错码对某一个数据帧进行错误检测，若发现错误，就返回请求重发该帧的响应（不用返回全部的帧），发送端收到请求重发的响应后，便重新传送该数据帧。另外，还有一些编码本身具有自动纠正错误的能力，称为"纠错码"（error-correcting code）。

2.6.3 常见的差错控制编码方法

1. 奇偶校验码

奇偶校验码（PCC）是奇校验码和偶校验码的统称，是一种有效检测单个错误的检错方法。它的基本校验思想是在原信息代码的最后添加一位用于奇校验或偶校验的代码，这样最终的帧代码是由 n-1 位信元码和 1 位校验码组成。加上校验码的目的就是要让传输的帧中"1"的个数固定为奇数（采用奇校验时）或偶数（采用偶校验时），然后通过接收端对接收到的帧中"1"的个数的实际计算结果与所选定的校验方式进行比较，就可以判断出对应帧数据在传输过程中是否出错了。如果是奇校验，在附加上一个校验码以后，码长为 n 的码中"1"的个数为奇数；如果是偶校验码，则在附加上一个校验码以后，码长为 n 的码中"1"的个数为偶数（0 个"1"也看成是偶数个"1"）。奇偶校验方法可以通过电路路来实现，也可以通过软件来实现。

假设现在要传输一个 ASCII 字符，它的高 7 位代码为 1011010，现在要采用奇校验验方法，则该字符的校验码为"1"，放在最后一位，整个 ASCII 字符代码就是 1011010 1，因为该字符中高 7 位信息代码中的"1"的个数是偶数个（4 个），必须再加一个"1"才能为奇数；同理，如果采用偶校验方法，则该字符的校验码为"0"，整个 ASCII 字符代码就是 1011010 0，因为该字符中高 7 位信息代码中的"1"的个数已是偶数个（4 个），所以最后一位中不能再是"1"，只能为"0"。

奇偶校验方法只可以用来检查单个码元错误，检错能力较差，所以一般只用于本身误码率较低的环境，如用于以太局域网中、用于磁盘的数据存储中等。

思考：作为课堂练习，大家分析一下，如果所传输的二进制序列是 11101100101，现要采用奇校验，则校验位的值是什么？采用偶校验呢？如果信息位中同时有 2 位出错，还能检测出来吗？

2. 循环冗余校验码

循环冗余码校验（Cycle Redundancy Check，CRC）是目前在数据通信和计算机网络中应用最广泛的一种校验编码方法，CRC 的漏检率要比前述奇偶校验码低得多。

CRC 校验原理看起来比较复杂、难懂，因为大多数书中基本上都是以二进制的多项式形式来说明的。其实其原理很简单，根本思想就是先在要发送的帧后面附加一个数（这个数就是用来校验的校验码，但要注意，这里的数也是二进制序列的，下同），生成一个新帧发送给接收端。当然，这个附加的数不是随意的，它要使所生成的新帧能被与发送端和接收端共同选定的某个特定数整除（注意，这里不是直接采用二进制除法，而是采用一种称为模 2 除法的方法，即没有借位进位）。到达接收端后，再把接收到的新帧除以（同样采用模 2 除法）这个选定的除数。因为在发送端发送数据帧之前就已附加了一个数，做了去余处理（也就已经能整除了），所 A 结果应该没有余数。如果有余数，则表明该帧在传输过程中出现了差错。

具体来说，CRC 校验的实现分为以下几个步骤：

（1）先选择（可以随机选择，也可按标准选择，具体在后面介绍）一个用于在接收端进行校验时，对接收的帧进行除法运算的除数（二进制比特串，通常是以多项方式表示，所以 CRC 又称多项式编码方法，这个多项式又称生成多项式）。

（2）根据所选定的除数二进制位数（假设为 k 位），在要发送的数据帧（假设为 m 位）后面加上 k - 1 位"0"，接着以这个加了 k - 1 个"0"的新帧（一共是 m+k - 1 位）以"模 2 除法"方式除以上面这个除数，所得到的余数（也是二进制的比特串）就是该帧的 CRC 校验码，又称 FCS（帧校验序列）。但要注意的是，余数的位数比除数位数只能少一位，哪怕前面位是 0，甚至是全为 0（正好整除时）也都不能省略。

（3）再把这个校验码附加在原数据帧（就是 m 位的帧，注意不是在后面形成的 m+k − 1 位的帧）后面，建一个新帧发送到接收端，最后在接收端再把这个新帧以"模 2 除法"方式除以前面选择的除数，如果没有余数，则表明该帧在传输过程中没出错，否则出现了差错。

从上面可以看出，CRC 校验中有两个关键点：一是要预先确定一个发送端和接收端都用来作为除数的二进制比特串（或多项式）；二是把原始帧与上面选定的除数进行二进制除法运算，计算出 FCS。前者可以随机选择，也可按国际上通行的标准选择，但最高位和最低位必须均为"1"。例如，在 IBM 的 SDLC（同步数据链路控制）规程中使用 CRC-16（也就是这个除数一共是 17 位）生成多项式 $g(x)=x^{16}+x^{15}+x^2+1$（对应二进制比特串为 11000000000000101）；而在 ISO HDLC（高级数据链路控制）规程、ITU 的 SDLC、X.25、V34、V.41、V.42 等中使用 CCITT-16 生成多项式 $g(x)=x^{16}+x^{15}+x^5+1$（对应二进制比特串为 11000000000100001）。

下面以一个例子来具体说明整个过程。现假设选择的 CRC 生成多项式为 $g(x)=x^4+x^3+1$，求二进制序列 10110011 的 CRC 校验码。下面是具体的计算过程：

（1）首先把生成多项式转换成二进制数，由 $g(x)=x^4+x^3+1$ 可以知道，它一共是 5 位（总位数等于最高位的幂次加 1，即 4+1=5），然后根据多项式各项的含义（多项式只列出二进制值为 1 的位，也就是这个二进制的第 4 位、第 3 位、第 0 位的二进制均为 1，其他位为 0）很快就可得到它的二进制比特串为 11001。

（2）因为生成多项式的位数为 5，根据前面的介绍得知，CRC 校验码的位数为 4（校验码的位数比生成多项式的位数少 1）。因为原数据帧为 10110011，在它后面再加 4 个 0，得到 101100110000，然后把这个数以"模 2 除法"方式除以生成多项式，得到的结果为 0100（注意"模 2 除法"的运算法则）。

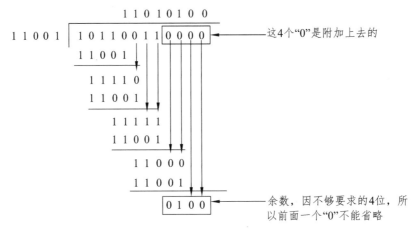

（3）用上步计算得到的 CRC 校验替换帧 101100110000 后面的 4 个"0"，得到新的帧 101100110100。再把这个新帧发送到接收端。

（4）当以上新帧到达接收端后，接收端会用上面选定的除数 11001 以"模 2 除法"方式去除这个新帧，验证余数是否为 0，如果为 0，则证明该帧数据在传输过程中没有出现差错，否则就出现了差错。

思考：大家做一个练习：假设 CRC 生成多项式为 $g(x)=x^5+x^4+x+1$，要发送的二进制序列为 100101110，求 CRC 校验码是多少？

习　题

一、名词解释

1. 信道带宽

2. 频带传输

3. 基带传输

4. ARQ

二、简答题

1. 什么是比特率？什么是波特率？两者有何联系和区别？

2. 请从抗电磁干扰能力、价格、频带宽度和单段最大长度对双绞线、同轴电缆和光纤进行比较。

3. 什么是多路复用技术？有哪些常用的多路复用技术？

4. 模拟语音信号变为 PCM 信号需要经历哪些过程？

5. 不归零码具有哪些特点？

6. 在计算机网络中数据交换的方式有哪几种？各有什么优缺点？

第 3 章　计算机网络体系结构

3.1　计算机网络体系结构的概念

在计算机网络的概念中，网络体系结构是最基本的，但计算机网络体系结构的概念较为抽象，在学习中需要多思考多总结。网络体系结构的概念和相关术语在通信技术的学习中很常见，学习网络体系结构也有助于对通信网络系统的认知。

计算机网络是个非常复杂的系统，要完成在这个复杂系统上的两台计算机相互通信，必须高度协调，而这种协调是相当复杂的。为了解决这个复杂的问题，早在最初阿帕网设计时就提出了"分层"的解决方法。"分层"可将庞大而复杂的问题，转化为若干较小的局部问题，这些较小的局部问题较易于处理。分层的"分"相当于模块化，分层的"层"来自计算机系统的概念，硬件处于低层，软件处于高层，低层为相邻高层提供服务。

3.1.1　分层结构的意义

由于计算机网络的复杂性，很难使用一个单一协议来为网络中的所有通信规定一套完整规则，因此普遍的做法是将通信问题划分为许多小问题，然后为每个小问题设计一个单独的协议，从而使得每个协议的设计、分析、编码和测试都变得容易，这就是网络体系结构设计中通常采用的分层思想。计算机网络分层的一般思想是先从最基本的硬件提供的服务开始，后增加一系列的层，每一层都提供更高一级的服务，高层提供的服务用低服务来实现。采用分层结构能将众多不同功能、不同配置及不同使用方式的终端设备和计算机互联来共享资源，减少了设计的复杂性。

为了对分层的概念有一个更深入的了解，下面以邮政通信系统为例加以说明。一个邮政通信系统是由用户（写信人和收信人）、邮政局、邮政运输部门和运输工具组成的，因此可以将邮政通信系统按功能分为 4 层，即用户、邮政局、邮政运输部门和运输工具，每层的分工明确，功能独立，如图 3-1 所示。

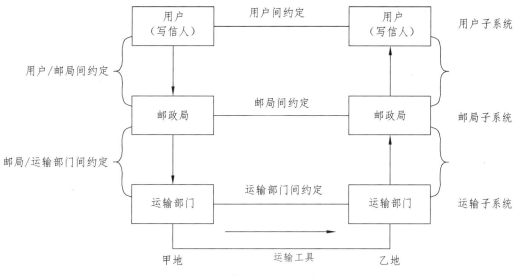

图 3-1　邮政系统分层模型

分层之后，还需要在对等层之间约定一些通信规则，即"对等层协议"。例如，通信双方写信时，都有一个约定，就是两个人都能看懂中文，这样对方收到信后才能看懂信中的内容。另外，一个邮局将用户的信件收集后，要进行分拣、打包等操作、而这些分拣、打包的规则必须在邮局之间事先协商好，这就是邮政局的协议，同样，在运输部门之间也应有一致的协议。

当信写好之后，把信纸装入信封，信封上按中国邮政规定的顺序写上收信人的邮政编码、地址、姓名及发信人的地址、姓名和邮政编码，贴好邮票后把这信封投入邮筒。这信封是如何传递到乙的手里呢？一般用户不考虑这个问题，而把它交给邮政系统去处理。由此可以看出，寄信人和邮局之间需要某些约定，这些约定就是所谓相邻层之间的"接口"。邮局将信件打包好交付有关运输部门进行运输，如航空信交给民航，平信交给铁路或公路运输部门等。这时，邮局和运输部门也存在着"接口"问题，如到站地点、时间、包装、形式等。信件运送到目的地后进行相反的过程，最终将信件送到收信人手中，收信人依照约定的格式才能读信件。

从一个邮件的传输过程可以看出，虽然两个用户、两个邮局、两个运输部门分处甲乙两地，但它们都分别对应同等机构，即所谓的"对等层实体"；而同处一地的不同机构则是上下层关系，存在着服务与被服务的关系。前者是相同部门内部的约定，称为协议，而后者是不同部门之间的约定，称为"接口"（interface）。

采用分层后，网络系统接口主要有两个优点。首先，它将建造一个网络的问题分解为多个可处理的部分，不必把希望实现的所有功能都集中在一个软件中，而是可以分成几层，每一层解决一部分问题。第二，它提供了一种更为模块化的设计。如果想要加一些新的服务，只需要修改一层的功能，继续使用其他层提供的服务。

3.1.2　"实通信"和"虚通信"

事实上，数据是不可能从一个机器的 N 层直接发往一个机器的 N 层的（最低层除外）

相反，通过每一层的数据和控制信息紧接着传至它的下一层，直到最底层为止。最底层是同另一个机器进行物理通信的层，界面定义了一个较低层提供给上层的服务。

在现实的通信系统中，真实的数据传递关系必须是物理通信，即沿着图 3-2 中不同层间的实线路径传输的通信，实线是真实的传输路径，这种通信为"实通信"。虚线是逻辑连接关系，这种通信称为"虚通信"。

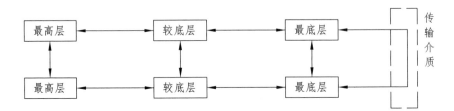

图 3-2　实通信和虚通信

假定一个计算机网络在结构上分为 7 层，甲站的计算机给乙站的计算机发送数据，其通信过程如图 3-3 所示。

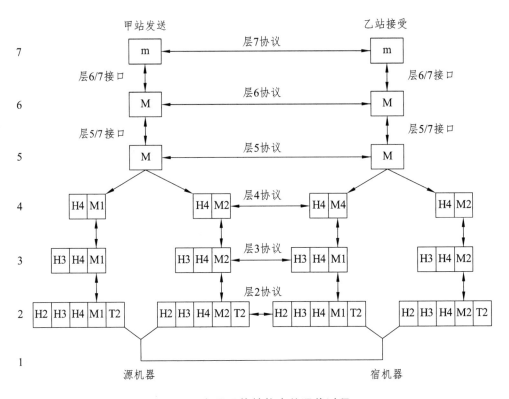

图 3-3　七层网络结构中的通信过程

（1）信息 m 是在层处理运行中产生的。

（2）m 按 6/7 层之间的界面从层 7 流向层 6，在该例中层 6 用一定的方法（例如文本压缩）使 m 变成新的信息 M。

（3）M 经 5/6 界面传到层 5，在此例中不修改信息，只是管制其流向，即防止从层 6 进来的且已处理完的信息再流回层 6。

（4）层 4 在消息前面加上一个报头 H4 以识别该消息，报头包括控制信息（如序号等），以使目标机器的第 4 层能在下层未保持信息顺序时仍能正确地顺序递交，一般对第 4 层传输的数据长度没有限制。

（5）层 3 有长度限制。因此，在 3 层必须把上层来的消息分成较小的单元（分组），在每个分组前加上第 3 报头 H3。在这个例子中，M 被分成 M1 和 M2。

（6）层 2 不仅给每段信息加上报头信息 H2，而且还加上尾部信息 T2。

（7）层 1 把层 2 的数据按一定方式进行实际传送。

在接收方，报文向上传递 1 层，该层的报头就被剥掉，即如所说的拨洋葱皮的方式，这样就不会有低于 N 层的报头向上流向 N 层。

现代计算机网络都是以分层的高级结构和规程层次进行设计的，除了在物理媒体上进行的是实通信，其余各对等实体间进行的都是虚通信。

3.1.3　计算机网络协议

计算机网络中对等层实体之间要实现互相通信，就必须使它们采用相同的信息交换规则，如同两个人要进行对话交流，就需要使用双方都能理解的语言一样。这些规则明确规定了所交换的数据的格式，以及有关的同步问题，这里的同步含有时序的意思。这些用于规定信息格式，以及如何发送和接收信息的一套规则称为网络协议（network protocol）或通信协议（communication protocol），简称协议。它主要由以下三个要素组成。

1．语义

语义是对协议元素的含义进行解释，它规定通信双方彼此"讲什么"，即确定通信双方要发什么控制信息，执行的动作和返回的应答，主要涉及用于协调与差错处理的控制信息。不同类型的协议元素所规定的语义是不同的，如需要发出何种控制信息、完成何种动作及得到的响应等。

2．语法

语法是指用户数据与控制信息的结构与格式等，它规定通信双方彼此"如何讲"，即确定协议元素的格式，主要涉及数据及控制信息的格式，编码及信号电平，将若干个协议元素和数据组合在一起用来表达一个完整的结构与格式等。

3．时序

时序规定信息交流的次序，即事件实现顺序的说明，它规定通信双方"何时讲"。例如，在双方进行通信时，发送点发出的一个数据报文，如果目标点正确收到，则回答源点接收正确；若接收到错误信息，则要求源点重发一次。

由此可以看出，计算机网络协议实质上是网络通信时所使用的一种语言。

3.1.4　计算机网络体系结构

计算机网络中，不同系统之间的相互通信是建立在各个层次实体之间互通的基础上，因此一个系统的通信协议是各个层次通信协议的集合。计算机网络分成若干层来实现，每层都有自己的协议。将计算机网络的层次结构模型及其协议的集合，称为网络的体系结构。

在层次网络体系结构中，每一层的基本功能都是实现与另一个层次结构中对等实体间的通信，所以称之为对等层协议。另外，每层协议还要提供与相邻上层协议的服务接口。体系结构的描述必须包含足够的信息，使实现者可以为每一层编写程序和设计硬件，并使之符合有关协议，网络的体系结构具有以下特点。

（1）以功能作为划分层次的基础。

（2）第 n 层的实体在实现自身定义的功能时，只能由第 n-1 层提供服务。

（3）第 n 层在向第 n+1 层提供服务时，此服务不仅包含第 n 层本身的功能，还包含由下层服务提供的功能。

（4）仅在相邻层间有接口，且所提供服务的具体实现细节对上一层完全屏蔽。

3.2　开放系统互连参考模型 OSI/RM

3.2.1　OSI/RM 网络体系结构

20 世纪 70 年代，美国的 IBM 公司发布了系统网络体系结构(System Network Architecture，SNA)，这个著名的网络体系结构就是按照分层的方法制定的。现在用 IBM 大型机构建的专用网络仍在使用 SNA。之后，其他一些公司也相继推出自己公司的体系结构，市场上出现了不同网络体系结构的设备，用户一旦购买了某个公司的网络设备，当需要扩大容量时，就只能再购买原公司的产品。如果购买了其他公司的产品，因为网络体系结构的不同，设备间就很难互连互通。为了使现有的计算机方便地入网，并易于实现异构网络的网际互联，便于相互交换信息，向更大规模、更高发展阶段发展，需要对计算机网络实行标准化。为此，国际标准化组织（ISO）成立了专门机构研究该问题，提出一个试图使各种计算机在世界范围内互联成网的标准框架，即著名的开放系统互连参考模型 OSI/RM。并在 1983 年形成了开放系统互连参考模型的正式文件，也就是所谓的 7 层协议的体系结构。

所谓开放就是只要遵循 OSI/RM 标准，一个系统（主要指计算机系统）就可以和位于世界上任何地方的、也遵循同一标准的其他系统通信。开放系统模型分层分两步进行。第一步把全部功能划分为数据传输功能和数据处理功能，数据传输功能为数据处理功能提供传送服务。第二步把上述两项功能进一步划分，设置 7 层模型，如图 3-4 所示。

在 OSI/RM 中，主机要实现 7 层功能，通信子网中的处理机只需要实现低 3 层的功能，各层的功能概要如下。

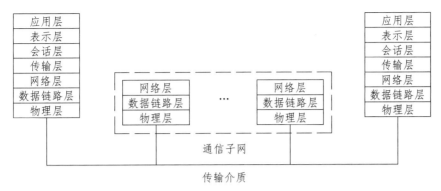

图 3-4　OSI/RM 结构示意图

1．物理层

物理层控制节点与信道的连接，提供物理通道连接及同步，实现比特信息的传输，对它的上一层对等实体间建立、维持和拆除物理链路所必需的特性进行规定，这些特性是指机械、电气、功能的和规程特性。例如，物理层协议规定 0 和 1 的电平是几伏，一个比特持续多长时间，数据终端设备与数据线路设备、接口采用的接插件的形式等。物理层的功能是实现接通、断开和保持物理链路，对网络节点间通信线路的特性和标准以及时钟同步做出规定。物理层是整个 OSI/RM 7 层协议的最底层，利用传输介质，完成在相邻节点之间的物理连接。该层的协议主要完成以下两个功能。

（1）为一条链路上的 DTE（如一台计算机）与信道上的 DCE（如一个调制解调器）之间建立/拆除电气连接，两端设备对这种连接的控制必须按规程同步完成。

（2）在上述链路两端的设备界面上，通过物理接口规程实现彼此之间的内部状态控制和数据比特的变换与传输。

2．数据链路层

数据链路是构成逻辑信道的一段点到点式数据通路，是在一条物理链路基础上建立起来的具有自己的数据传输格式（帧）和传输控制功能的节点至节点间的逻辑连接。设立数据链路层的目的是无论采用什么样的物理层，都能保证向上层提供一条无差错、高可靠的传输线路，从而保证数据在相邻节点之间正确传输。数据链路层协议保证数据从链路的一端正确传送到另一端，如使用差错控制技术来纠正传输差错，按一定格式成帧。如果线路可在双向发送，就会出现 A 到 B 的应答帧和 B 到 A 的数据帧的竞争问题，数据链路层的软件能够处理这个问题。总之，数据链路层的功能是在通信链路上传送二进制码，具体应完成如下主要功能。

（1）完成对网络层数据包的装帧/卸帧。

（2）实现以帧为传送单位的同步传输。

（3）在多址公共信道的情况下，为端系统提供接入信道的控制功能。

（4）对数据链路上的传输过程实施流量控制、差错控制等。

3．网络层

网络层（network layer）又称通信子网层，用于控制通信子网的运行，管理从发送节点到收信节点的虚电路（逻辑信道）。网络层协议规定网络节点和虚电路的一种标准接口，完成网络连接的建立、拆除和通信管理，解决控制工作站间的报文组交换、路径选择和流量控制的有关问题。这一层功能的不同决定了一个通信子网向用户提供服务的不同，具体应完成如下主要功能。

（1）接收从传输层递交的进网报文，为它选择合适和适当数目的虚电路。

（2）将进网报文打包形成分组，对出网的分组则进行卸包并重装成报文，递交给传输层。

（3）对子网内部的数据流量和差错在进/出层上或虚电路上进行控制。

（4）对进/出子网的业务流量进行统计，作为计费的基础。

（5）在上述功能的基础上，完成子网络之间互联的有关功能等。

4. 传输层

传输层（transport later）也称为传送层，又成为主机-主机层或端-端层，

主要功能是为两个会晤实体建立、拆除和管理传送连接，最佳地使用网络所提供的通信服务。这种传输连接是从源主机的通信进程出发，穿过通信子网到另一主机端通信进程的一条虚拟通道，这条虚拟通道可能由一条或多条逻辑信道组成。在传输层以下的各层中，其协议是每台机器和它直接相邻机器之间的协议，而不是原机器与目标机器之间的协议。由于网络层向上提供的服务有的很强，有的较弱，传输层的任务就是屏蔽这些通信细节，使上层看到的是一个统一的通信环境，具体完成如下主要功能。

（1）接收来自会话层的报文，为它们赋予唯一的传送地址。

（2）为传输的报文编号，加报文标头数据。

（3）为传输报文建立和拆除跨越网络的联结通路。

（4）执行传输层上的流量控制等。

5. 会话层

会话层（session layer）又称会晤层和会议层，会话层、表示层和应用层统称为 OSI/RM 的高层，这 3 层不再关心通信细节，面对的是有一定意义的用户信息。用户间的连接（从技术上讲是两个描述层之间的连接）称为会话，会议层的目的是组织、协调参与通信的两个用户之间对话的逻辑联结，是用户进网的接口，着重解决面向用户的功能。例如，会话建立时，双方必须核实对方是否有权参加会话，由哪一方支付通信费用，在各种选择功能方面取得一致。会话层的功能是实现各进程间的会话，即网络中节点的信息交换，具体完成如下主要功能。

（1）为应用实体建立、维持和终结会话关系，包括对实体身份的鉴别（如核对密码），选择对话所需的设备和操作方式（如半双工和全双工）。一旦建立了会话关系，实体间的所有对话业务即可按规定方式完成对话任务。

（2）对会话中的"对话"进行管理和控制，如对话数据交换控制、报文定界、操作同步等。目的是保证对话数据能完全可靠地传输，以及保证在传输连接意外中断后能重新恢复对话等。

6. 表示层

表示层又称描述层，主要解决用户的语法表示问题，解决两个通信机器中数据格式表示不一致的问题，规定数据加密/解密、数据的压缩/恢复采用什么方法，完成对一种功能的描述。表示层将数据从适合于某一用户的语法，变化为适合于 OSI 系统内部使用的传送语法。这种功能描述十分重要。它不是让用户具体编写详细的机器指令去解决某个问题，而使用功能描述（用户称之为使用子程序库）的方法去完成解题。当然，这些子程序也可以放到操作程序中去，但这会使操作系统变得十分庞大，对于具体应用而言不是很恰当。描述层的功能是对各处理机、数据终端所交换的信息格式予以编排和转换、如定义虚拟终端、压缩数据、进行数据管理等。

7. 应用层

应用层又称用户层，直接面对客户，是利用应用进程为用户提供访问网络的手段。用户层的功能是采用用户语言，执行应用程序（如网络文化传送，数据库数据的传送，通信控制，以及设备控制等）。

最后需指出的是，OSI/RM 是在普遍考虑一般情况后推荐给国际上参考采用的模式，它提出了 3 个主要概念，即服务、接口和协议。但 OSI/RM 也存在一些不足，如与会话层和表示层相比，数据链路层和网络层功能太多，会话层和表示层没有相应的国际标准等，到目前为止，还没有按此模型建网的先例。

OSI 试图达到一种理想境界，即全世界的计算机网络都遵循这个统一的标准，进而全世界的计算机能够很方便地进行互联和交换数据。然而到了 20 世纪 90 年代初期，虽然整套的 OSI 国际标准都已经制定出来了，但因特网及其标准的设备已抢先在全世界覆盖了相当大的范围，而同时几乎找不到符合 OSI 标准的产品。虽然 OSI 获得了一些理论研究的成果，但在市场化方面 OSI 则事与愿违地失败了。

虽然 OSI 没有成为事实上的标准，但 OSI 最早形成了体系结构相关的概念。这些概念成为我们学习计算机网络通信技术的必要参考，所以需要认真学习 OSI/RM 体系结构。

3.2.2　网络体系结构相关术语

如前所述，OSI/RM 是由 7 个功能层构成，从一般意义上讲，可以把模型中的任一功能层称为 N 层，并标记为"（N）层"。图 3-5 中表示出一个（N）功能层及其与相邻层之间的关系，以及所包含的各种功能要素。这些要素包括实体、子系统、协议、服务、服务访问点、服务原语、连接等。

1. 子系统、实体、协议

OSI/RM 的每一层都完成各自层内的功能，所有这些层内功能的集合，被看作开放系统的一个功能子系统，（N）层的子系统称为（N）层子系统。两个开放系统之间的通信，就是所有这些同层子系统之间通信的综合。

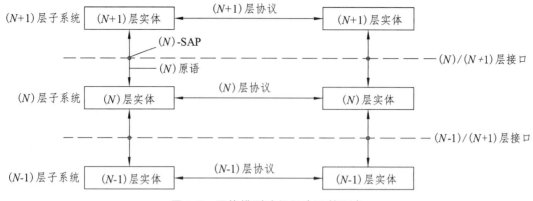

图 3-5　网络模型功能层次及其要素

由于开放系统互连是按分层通信的，那么每一层必然有执行通信（与同层子系统交换信息）的机构，可能是硬件（如在物理层），也可能是软件的进程。这种能在子系统中发送和接收信息的机构，被称为实体（entity），（N）层子系统中的实体被称为（N）层实体。一个实体的活动体现在一个进程上，它可以独立地执行各自的通信过程。一个层内可以有多个实体，开放系统间的分层通信，必须是对等实体间的通信。

协议的概念在前面已经提到，两个（N）层对等实体间的通信所要遵循的规则和约定，就称为（N）层协议，这就是说，在开放系统互联中，任何层次的通信过程，都是该层子系统中的对等实体之间在该层协议的控制下完成通信。

2. 网络连接服务

所谓连接，就是两个对等实体为进行数据通信而进行的一种结合。从连接角度看，服务可分为两类：面向连接的网络服务和无连接网络服务。

面向连接的服务在数据交换之前，必须先建立连接。当数据交换结束后，则应终止这个连接。面向连接的服务具有连接建立、数据传输和连接释放这 3 个阶段，是可靠的报文分组，按顺序传输方式。面向连接服务在网络层又称为虚电路服务，所谓虚，表示虽然在两个服务用户的通信过程中并没有自始至终占用一条端到端的完整物理电路，却好像一直占用了一条这样的电路，适用于固定对象、长报文、会话型传输服务。若两个用户需要经常进行频繁的通信，则可建立永久虚电路。这样可免除每次通信时的连接建立和连接释放两个过程。

在无连接服务的情况下，两个实体之间的通信部需要先建立好一个连接，因此其下层的有关资源部需要事先进行预订保留。无连接服务的优点是灵活方便和比较迅速。但无连接服务不能防止报文丢失、重复或失序。

无连接网络服务有 3 种类型：数据报（datagram）、确认交付（confirmed delivery）与请求回答（request reply）。数据报服务不要求接收端应答。这种方法尽管额外开销较小，但可靠性无法保证。确认交付和请求回答服务要求接收端用户每收到一个报文均给发送端用户发回一个应答报文。确认交付类似于挂号的电子邮件，而请求回答类似于一次事务处理中的一问一答。

4. 数据传送单元

在 OSI/RM 中，上述各要素所操作的数据单位，即称为数据传送单元。某层对等实体之间通信数据单元传送过程是上层至下层的顺序逐渐加封，从下层至上层逐层解封。所谓"封"即封装的意思，也就是在首部或首部和尾部均有附加的控制信息。

如图 3-6 所示，是主机 A 中的应用进程与主机 B 中的应用进程进行数据交换。A、B 分处两地，通过通信子网相连。应用进程 A 为了与网络中的其他的进程通信，必须进入网络环境，首先将待发送的信息（报文）递交给应用层，应用层接收数据在报文加上该层的控制信息递交给第 6 层处理。第 6 层收到从上层递交来的数据后，加上该层的控制信息组成第 5 层的数据单元送第 5 层，以此类推。每一层都接收从上层传来的数据加上该层的控制信息递交给下层。第 4 层以上的数据单元统称为报文，第 3 层的数据单元成为分组，第 2 层的数据单元称为帧，第 1 层则以二进制位为单元进行传输。反之，目的端从传输介质上收到比特流后，从第 1 层依次上升到第 7 层，每层依据控制信息完成相应操作，然后解封，将数据单元上交给最高一层，最终到达应用进程 B。由此可以看出，所谓各层协议，实际上是各个同等层之间传送数据时要遵守的各项规定。

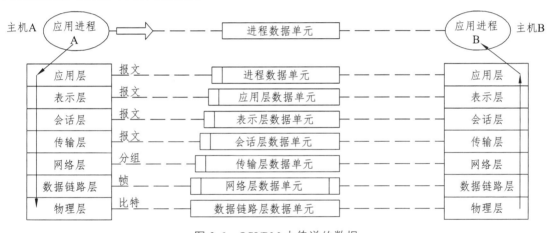

图 3-6　OSI/RM 中传送的数据

尽管应用进程 A 在开放的环境中经过复杂的处理过程才能和对方的应用进程 B 进行数据交换，但对于两个进程来讲，这一复杂过程是感觉不到的。从应用进程角度看，应用进程 A 的数据好像是"直接"传送给应用进程 B。同理，任何两个同样层次之间，好像也是如图 3-6 所示水平虚线那样，可将数据直接传送给对方。为什么会是这样呢？这是由于同等层遵循相同的协议。

3.3　TCP/IP 体系结构

计算机网络体系结构采用分层的方法，OSI/RM 是严格遵循分层模型的典范，自推出之日起，就是网络体系结构的蓝本，而且在很短的时间内，也确实起到了它应起的作用。除了

OSI/RM 外，现在还流行着一些其他著名的体系结构，如简捷、高效的 TCP/IP 体系结构，由于因特网的流行使遵循 TCP/IP 的产品大量涌入市场，TCP/IP 成为事实上的国际标准，也有人称它为工业标准。

3.3.1 TCP/IP 的发展史

TCP/IP 的发展史和 ARPAnet 是分不开的，该网络通过租用的电话连接了数百所大学和政府部门，当卫星和无线网络出现以后，现有的协议在和它们互联时出现了问题，所以需要有一种新的参考体系结构。因此，能无缝隙地连接多个网络的能力是其从一开始就确定的主要目标，这个体系结构在它的两个主要协议（TCP、IP）出现以后，被称为 TCP/IP 参考模型。它最初定义是在 1974 年，以后被不断地修改和完善。

由于美国国防部担心一些珍贵的主机、路由器和网关可能会突然崩溃，所以网络必须实现的另一个主要目标是网络不受子网硬件损坏的影响，已经建立的连接不会被取消。换句话说，国防部希望只要源端和目的端机器都在工作，连接就能保持住，即使中间机器或传输线路突然失去控制。回顾 TCP/IP 的发展史，大致经历了以下几个阶段。

20 世纪 70 年代中期，当时 ARPA[DARPA（Defense Advanced Research Project Agency）的前身]为了实现异种网之间的互联大力资助互联网技术的开发，于 1977 年至 1979 年间推出目前形式的 TCP/IP 体系结构和协议。

到了 1979 年，越来越多的研究开发人员投入 TCP/IP 的研究开发之中，DARPA 于是组织"Internet 控制与配置委员会"以协调各方面的工作。

1980 年左右，DARPA 开始将 ARPAnet 上的所有机器转向 TCP/IP，并以 ARPAnet 为主干建立 Internet。1983 年 1 月，ARPAnet 向 TCP/IP 的转换全部结束。

为推广 TCP/IP，DARPA 以低价格出售 TCP/IP 的使用权，并通过资助美国加州大学伯克利分校将 TCP/IP 融入当时最为流行的 UNIX 操作系统中。

从 1985 年开始，美国国家科学基金会 NSF 开始涉足 TCP/IP 的研究与开发，并于 1986 年资助建成基于 TCP/IP 的主干网 NSFnet，然后 NSFnet 替代 ARPAnet 成为 Internet 的主干。

由以上的发展过程可以看出，TCP/IP 同 ARPAnet 一样，是与因特网是紧密联系在一起的。TCP/IP 的成功推动了因特网的发展，而因特网的日益壮大又牢固确立了 TCP/IP 的地位。

3.3.2 TCP/IP 体系结构

与 OSI/RM 不同，TCP/IP 从推出之时就把考虑问题的重点放在了异种网互联上。所谓异种网，即遵循从不同网络体系结构的网络。TCP/IP 的目的不是要求大家都遵循一种标准，而是在承认有不同标准的情况下解决这些不同。因此，网络互联是 TCP/IP 技术的核心。由于各种网络体系结构上各不相同，要把各种不同的网络互联并实现网间通信就需要一种"网际通用语言"，这就是 TCP/IP。

因 TCP/IP 在设计时侧重点没有放在具体的通信网实现上,也没有定义具体的网络接口协议,所以,TCP/IP 允许任何类型的通信子网参与通信。TCP/IP 体系结构如图 3-7 所示,各层的主要功能如下。

OSI/RM体系结构		TCP/IP体系结构
7　应用层		应用层 (各种应用层协议如 TELNET、FTP)
6　表示层		
5　会话层		
4　传输层		传输层(TCP或UDP)
3　网络层		网际互联层(IP)
2　数据链路层		网络接口层
1　物理层		

图 3-7　TCP/IP 体系结构与 OSI/RM 的比较

1. 网络接口层

网络接口层是 TCP/IP 的最底层,负责接收网际互联层发来的数据报并通过具体网络发送,或者从具体网络上接收帧,抽出 IP 数据报,交给网际互联层。TCP/IP 参考模型没有真正描述这一部分,只是指出主机必须使用某种协议与网络,以便能在其上传递 IP 分组。该层对应 OSI/RM 的物理层和数据链路层。

2. 网际互联层

网际互联层所执行的主要功能是处理来自传输层的分组,将分组形成数据包(IP 数据包),并为该数据包进行路径选择,最终将数据包从源主机发送到目的主机。其地位和作用类似于 OSI/RM 的网络层,向上提供不可靠的数据报传输服务。

在网际互联层中,最主要也是最常用的协议是网际协议(Internet Protocol,IP),还有其他一些协议用来协助 IP 的操作。IP 是 TCP/IP 的核心,也是整个体系的关键部分。

3. 传输层

传输层的功能是使源端和目标主机上的对等实体可以进行会话,该层定义了两个端到端的协议。一个是传输控制协议(Transmission Control Protocol,TCP),它是一个面向连接的协议,提供端到端之间可靠的传输服务。另一个协议是用户数据报协议(User Datagram Protocol,UDP),这是一个不可靠和无连接协议,效率较高,且比 TCP 简单得多,用于不需要 TCP 的排序和流量控制能力,而是自己完成这些功能的应用程序。

除了在端与端之间传送数据外,传输层还要解决不同程序的识别问题,因为在一台计算机中,常常是多个应用程序可以同时访问网络,传输层要能够区别出一台机器中的多个应用程序。

4. 应用层

应用层是 TCP/IP 的最高层,但与 OSI/RM 的应用层有较大的差别。实际上,TCP/IP 模型应用层的功能相当于 OSI/RM 的会话层、表示层和应用层 3 层的功能。该层能向用户提供一组常用的应用程序，定义了大量的 TCP/IP 应用协议。最早引入的是虚拟终端协议（TELENT）、文件传输协议（FTP）和电子邮件协议（SMTP），以后又增加了许多协议，如域名服务（DNS），超文本传输协议（HTTP）等。

3.3.3　OSI/RM 与 TCP/IP 参考模型的比较

OSI 参考模型与 TCP/IP 参考模型有很多相似之处，它们都是基于独立的协议栈的概念，都有网络层、传输层和应用层，有些层的功能也大体相同。不同之处主要体现在以下几个方面。

（1）TCP/IP 虽然也分层，但层的数量不同，OSI/RM 有 7 层，而 TCP/IP 参考模型只有 4 层，且层次之间的调用关系不像 OSI 参考模型那样严格。在 OSI/RM 中，两个 N 层实体之间的通信必须经过（$N-1$）层。但 TCP/IP 可以越级调用更低层提供的服务，这样做可以减少一些不必要的开销，提高了数据的传输效率。

（2）TCP/IP 一开始就考虑到了异种网的互联问题，并将互联网协议作为 TCP/IP 的重要组成部分，因此 TCP/IP 异种网互联能力强。而 OSI 只考虑到用一种统一标准的公用数据网络将各种不同的系统连在一起，根本未想到异种网的存在，这是 OSI/RM 的一个很大的不足。

（3）TCP/IP 一开始就向用户提供可靠和不可靠的服务，而 OSI/RM 在开始时只考虑到向用户提供可靠服务。相对来说，TCP/IP 更注重于考虑提高网络的传输效率，而 OSI 更注重考虑网络传输的可靠性。OSI/RM 在网络层支持无连接和面向连接的通信，但在传输层只有面向连接的服务。然而 TCP/IP 参考模型在网络层仅有一种通信模式（无连接），但在传输层支持两种模式，给了用户选择的机会。这种选择对简单的请求-应答协议是十分重要的。

（4）系统中体现智能的位置不同。OSI/RM 认为，通信子网是提供传输服务的设施，因此，智能性问题如监视数据流量、控制网络访问、记账收费，甚至路径选择、流量控制等都由通信子网解决，这样留给主机的事情就不多了。相反，TCP/IP 则要求主机参与所有的智能性活动。

因此，OSI/RM 网络可以连接比较简单的主机，运行 TCP/IP 的互联网则是一个相对简单的通信子网，对联网主机的要求比较高。

3.4　OSI 的物理层

3.4.1　物理层的作用和接口

1. 物理层的作用

物理层是 OSI 体系结构中的最低一层。他向上毗邻数据链路层，向下直接与传输介质相连接，起着数据链路层和传输介质之间接口的作用。

ISO/OSI 参考模型对物理层的描述是：物理层为传送二进制比特流数据而激活、维持、释放物理连接所提供的机械特性、电气特性、功能特性和规程特性。这种物理连接可以通过中继系统，每次都在物理层内进行二进制比特流数据的中继传输。这种物理连接允许进行全双工或半双工的二进制比特流传输。物理层服务数据单元（即二级制比特流）的传输可通过同步方式或异步方式进行。

物理层负责在计算机之间传递数据位，为在物理媒体上传输的位流建立规则。这一层定义电缆如何连接到网卡上，以及需要用何种传送技术在电缆上发送数据；同时还定义了位同步及检查。这一层表示了用户的软件与硬件之间的实际连接。它实际与任何协议都不相干，但它定义了数据链路层所使用的访问方法。

物理层为数据链路层提供的主要服务如下。

（1）物理连接，即为数据链路层的实体之间进行透明的位流传输建立联系。物理连接的建立涉及连接方式（即点对点连接或多点连接）和传输方式（包括通信方式、同步方式等）的选择、资源（如物理传输介质、中继电路、缓冲区等）的分配等问题。

（2）确定服务质量参数，如误码率、传送速度、传送延迟、服务可用性等。物理连接的质量是由组成它的传输介质、物理设备决定的。

物理层关注的是怎样才能在连接各种计算机的传输介质上传输数据的比特流，而不是连接计算机的具体的物理设备或具体的传输介质。现代计算机网络中物理设备和传输介质的种类繁多，而通信手段也越来越丰富，物理层在数据链路层和传输介质之间起了屏蔽和隔离作用，使数据链路层感觉不到这些差异，这样就可以使数据链路层只需要考虑完成本层的协议和服务，而不必考虑网络具体的传输介质是什么。

与 OSI/RM 的其他层相比，物理层标准是不完善的。因为它没有提到物理实体、服务原语、物理层协议数据单元等概念，而是经常讲物理层的服务数据单元 —— 比特流、物理连接等。其原因是，早在 ISO/OSI 参考模型提出之前，许多属于物理层接口协议就已经制定出来了，而且在物理层采用这些接口协议的物理设备也被大量产业化，并广泛应用于数据通信领域。在这样的现实背景下，如果 ISO 再制定物理层的标准，势必很难得到应用和推广。况且，已经存在的物理层规范还是比较成功的。因此，ISO 对物理层的标准化工作并没有像其他层那样严格定义，只是提出了如上的描述。

2. 物理层接口

物理层接口主要指数据终端设备 DTE 和数据传输电路端接设备 DCE 之间的接口。这里 DTE 就是具有一定的数据处理能力及发送和接收数据能力的设备，它可以是一台计算机或一个终端，也可以是其中的 I/O 设备等。由于数据终端设备的数据传输能力是有限的，直接将相隔很远的两个设备连接起来是无法进行通信的。为了进行通信，必须在数据终端设备和传输设备之间加上一个中间设备 DCE，它的作用就是在 DTE 和传输线路之间提供信号和编码的功能，并且负责建立、保持和释放数据链路的连接，可以是指多路复用器、集中器、调制解调器等。

DTE 和 DCE 之间的接口一般都有若干并行线，包括各种信号线和控制线。DCE 将 DTE

传过来的数据按比特流顺序逐个发往传输线路，或者反过来，从传输线路上接收串行的比特流，然后再交给 DTE。显然，这些操作的完成需要 DTE 与 DCE 间接口信号线的高度协调工作。为了减轻数据处理设备的负担，就必须对 DTE 和 DCE 的接口进行标准化。这种接口标准也就是所谓的物理层接口协议。

物理层接口协议的主要内容如下。

（1）提供物理连接的 4 种特性，即机械特性、电气特性、功能特性、规程特性。

（2）为传送物理层服务数据单元 —— 比特流，确定通信方式、同步方式和编码规则。

物理接口标准一般是用于 DTE 与 DCE 之间的连接，典型的是用于计算机与 Modem 的连接、两台计算机通过 EIA-232-E 直接连接、一台终端与一台主机通过 EIA-232-E 的直接连接。

3.4.2　DTE-DCE 接口特性描述

1.　机械特性

DTE 与 DCE 之间的接口关系首先涉及从机械上分解的问题，即规定机械上的分解方法。机械特性规定了物理连接所使用的可接插连接器的形状和尺寸，连接器中的引脚数量与排列情况等。这一特性如同各种规格的电源插座、插头的形状和大小都有严格的规格。ISO 物理层的一些机械特性标准如下。

（1）ISO 2110：为 25 针插头的 DTE-DCE 接口的连接器。它与美国的 EIA RS-232C、EIA RS-366A 兼容。常用于串行和并行的音频调制解调器、公共数据网接口、自动呼叫设备接口等。

（2）ISO 2593：为 34 针插头的 DTE-DCE 接口的连接器。用于 CCITT V.35 建议的带宽调制解调器。

（3）ISO 4092：为 37 针插头的 DTE-DCE 接口的连接器。它与美国的 EIA RS-499 兼容。常用于串行音频调制解调器。

（4）ISO 4092：为 51 针插头的 DTE-DCE 接口的连接器。常用于 CCITT X.20、X.21、X.22 建议所规定的公共数据网接口。

（5）RJ-45：数据通信用 8 针 DTE-DCE 接口连接器。可用于 IEEE 802 局域网中的 10/100BASE-T 网络接口中。

2.　电气特性

DTE 与 DCE 之间有许多电信号通路，除了地线是无方向的，其他信号线都有方向性。电气特性规定了 DTE-DCE 接口电缆上传送信号的电压大小，即信号 1 和信号 0 的电压值；传号和空号的电压识别；最大数据传输率与距离限制；发送端与接收端之间电路特性的说明等。ISO 物理层采用的一些电气特性标准如下。

（1）CCITT V.10/X.26 建议：在数据通信中，通常与集成电路一起使用的新型的非平衡式接口电路的电气特性。它与 EIA RS-423A 兼容。

（2）CCITT V.11/X.27 建议：在数据通信中，通常与集成电路一起使用的新型的平衡式接口电路的电气特性。它与 EIA RS-422A 兼容。

（3）CCITT V.28 建议：非平衡式接口电路的电气特性。它与 EIA　RS-232C 兼容。

（4）CCITT V.35 建议：平衡式接口电路的电气特性。

3．功能特性

DTE-DCE 功能特性规定了物理接口上各条信号线的功能分配和确切定义。物理接口线一般分为数据线、控制线、定时线和地线。ISO 物理层采用的一些功能特性标准如下。

（1）CCITT V.24 建议：DTE-DCE 接口定义表，它提出了 100 系列接口和 200 系列接口。与 100 系列兼容的有 EIA RS-232C、RS-499，与 200 系列兼容的有 EIA RS-366A。我国的国家标准 GB 3435-82 与 V.24 兼容。

（2）CCITT X.24 建议：DTE-DCE 接口定义表，它是在 X.20、X.21 和 X.22 的基础上发展而成的，用于公共数据网。

4．规程特性

DTE-DCE 规程特性定义了接口进行二进制比特流传输的一组操作序列，即各信号引脚线的工作规程和时序关系。ISO 物理层采用的一些规程性特性的标准如下。

（1）CCITT X.20 建议：公共数据网上起止操作的 DTE-DCE 接口规程。

（2）CCITT X.21 建议：公共数据网上同步工作的 DTE-DCE 接口规程。

（3）CCITT X.22 建议：公共数据网上多路时分复用的 DET-DCE 接口规程。

（4）CCITT V.24 建议：交换电路之间建立起相互联系需要提供的标准规程性特性。它与 EIA RS-232C 和 RS-499 具有相同的规程性特性。

（5）CCITT V.25 建议：在普通电话交换网上使用自动呼叫应答设备的线路接线控制规程。

具体的物理层协议很复杂，因为物理连接的方式很多（例如，可以是点对点的连接，也可以采用多点连接或广播连接），而传输介质的种类也非常之多（如架空明线、同轴电缆、光导纤维、双绞线、以及各种无线介质等）。

3.4.3　物理层接口标准举例

1．EIA RS-232C

EIA RS-232C 是美国电子工业协会（EIA）制定的物理接口标准。RS（Recommended Standard）的意思是推荐标准，232 是一个标识号码，C 表示该标准已被修改过的次数。

RS-232C 标准是为促进利用公共电话网络进行数据通信而制定的，最初只提供一个利用公用电话网作为媒介，通过调制解调器进行远距离数据的技术规范，

RS-232C 标准适用于 DTE/DCE 之间的串行二进制通信，数据传输速率为 0 ~ 20 kb/s，电缆长度限制在 30 m 内。RS-232C 接口不仅可用于利用电话交换网进行的远程数据通信中，还可用于计算机与计算机之间、计算机与终端之间，以及计算机与输入、输出设备的近程数据通信中。当使用 RS-232C 接口连接两台计算机时，引入了一种叫作空调制解调器（Null

Modem）的电缆，以解决在不使用调制解调器的情况下 RS-232C 接口需要 DTE/DCE 成对使用的问题。

1）机械特性

RS-232C 机械特性与 ISO 2110 相兼容，即规定使用 25 针的连接器。

2）电气特性

RS-232C 的电气特性规定,采用负逻辑表示,即逻辑 1 或有信号状态的电压范围为 −15 ~ −5 V；逻辑 0 或无信号状态的电压范围为+5 ~ 15 V，所允许的线路电压降为 2 V。

3）功能特性

RS-232C 的功能特性定义了 25 针连接器中的 20 条连接线，分为两个信道，主信道和辅助信道。辅助信道可用于在连接的两个设备之间传送一些辅助的控制信息，且传输速率要比主信道低得多，一般很少使用。对于主信道，最常用的连接线有 8 条。

在以上常用的连线中，根据其传递信号的功能分为 3 类：数据线（TXD、RXD）、控制线（RTS、CTS、DSR、DCD、DTR）和地线（PG、SG）。

4）规程特性

RS-232C 的规程特性主要规定了控制信号在不同情况下有效（接通状态）和无效（断开状态）的顺序和相互关系。例如，只有当 CC 和 CD 信号都处于有效状态时，才能在 DTE 和 DCE 之间进行操作。如果 DTE 要发送数据。则先要将 CA 置成有效状态，等到 DCE 将 CB 置成有效状态后，DTE 方能在 BA 线上发送串行数据。

2. EIA RS-449

RS-449 也是 EIA 的接插件规格，它是在 RS-232C 的基础上发展起来的。RS-449 是 EIA 于 1977 年 11 月公布的，主要改进体现在：改善了性能，加大了接口电缆距离，提高了数据传输率；增加了新的接口功能，如回送检查。

通常 RS-232/V.24 用于标准电话线路（一个话路）的物理层接口，而 RS-449/V.35 则用于宽带电路（一般都是租用电路），其典型的传输速率为 48 ~ 168 kb/s，都是用于点到点的同步传输。

3.5　OSI 的数据链路层

3.5.1　数据链路层的作用

数据链路层是 OSI/RM 中的第二层，介于物理层和网络层之间，它的作用是对物理层传输原始比特流功能的加强，将物理层提供的可能出错的物理连接改造成为逻辑上无差错的数据链路，即对网络层表现为一条无差错的数据链路。

数据链路层的基本功能是向网络层提供透明的和可靠的数据传送服务。透明是指无论什么类型（或结构）的数据，都按原来的形式传输，即对该层上传输的数据的内容、格式及编码方式没有限制，也没有必要解释信息结构的意义。为了实现这一目的，数据链路层必须具备一系相应的功能，归纳如下。

1. 数据链路管理

当网络中的两个节点要进行通信时，发送方必须知道接收方是否已经在准备接收的状态。为此，通信双方必须要先交换一些必要的信息，以便建立起一种逻辑联结关系，这种关系称为数据链路（data link）。同样，在传输数据过程中要维持这个数据链路，而在通信结束后还要释放这个数据链路。为两个网络实体之间提供数据链路通路的建立、维持和释放的管理称为数据链路管理。

2. 装帧与帧同步

帧是数据链路层的传送单位，帧中包含地址、控制、数据及校验码等信息。当网络实体递交发送数据的请求后，数据链路实体首先要将数据按照协议要求装配成帧，然后在数据链路控制协议的控制下发送到数据链路上，在该链路的另一端则是相反的过程。此外，数据一帧一帧地在数据链路上传输，还要保持它们的顺序性，以免在接收到帧以后发生乱序，有关帧的传输顺序方面的功能称为帧同步。

3. 流量控制

协调收发双发的数据传输速率，以防止接收方因来不及处理发送方来的高速数据而导致缓冲器溢出及线路阻塞，这一过程称为流量控制。

4. 差错控制

任何实用的通信系统都必须具有检测和纠正差错的能力，尤其是在数据通信系统，要求最终的数据差错率达到极低的程度。

5. 透明传输

如前所述，所谓透明传输就是无论传送数据是什么样的比特组合（如文本、图像和机器代码等数据），都应当能够在链路上安全可靠地传输。当所传输的数据比特组合恰巧与协议的某个控制信息完全一样时，就必须采取适当的措施使收方不会将这样的数据错误地认为是某个控制信息。

6. 寻址

在一条简单的点—点式链路上传输数据时，不涉及寻址问题。但在多点式数据链路上传输数据时，则必须保证每一帧都能送到正确的接收方，接收方也应当知道发送方是哪一个节点，这就是数据链路层的寻址功能。

可靠的传输使用户免去对丢失信息、干扰信息及顺序不正确等的担心。数据链路层对网路层提供的基本服务是将信源机器网络层来的数据可靠地传输到相邻节点的信宿机器网络层。所谓相邻，是指两个机器实际上通过一条信道直接相连，中间没有任何其他的交换节点，在概念上可以想象成一根导线。要使信道具有导线一样的属性，就必须使目的地接收到的比特顺序和原端发送的比特顺序完全一样。

3.5.2 高级数据链路控制规程

在 ISO 标准协议集中，数据链路层采用了高级数据链路控制（High-level Data Link Control，HDLC）规程（或称协议）。HDLC 是在同步数据链路控制规程（Synchronous Data Link Control，SDLC）上发展起来的。SDLC 是 1969 年由 IBM 研制的面向比特的控制规程，1974 年被用于 IBM 公司的 SNA 计算机网系统，后被 ANSI 定为国家标准，称为美国高级数据通信控制规程（Advanced Data Communication Control Procedure，ADCCP），1975 年被 ISO 定为国际标准。1976 年 CCITT 对之做了部分修改，并作为标准在 X.25 建议中公布，称为 HDLC。

1. HDLC 的基本配置和响应方式

HDLC 是通用的数据链路控制协议，可用于点对点和点对多点的数据通信，有主站（primary station）和次站（secondary station）之分。当开始建立数据链路时，允许选用特定的操作方式。

所谓链路操作方式，是指某站点以主站方式操作还是以从站方式操作，或者是二者兼备。

在链路上用于控制的目的站称为主站，其他的受主站控制的站称为次站或从站。主站负责对数据流进行组织，并且对链路上的差错实施恢复。主站需要比从站有更多的逻辑功能，所以当终端与主机相连时，主机一般总是主站。当一个站连接多条链路的情况下，该站对于一些链路而言可能是主站，而对另外一些链路而言又可能是从站。有些站可兼备主站和从站的功能，则称为复合站，用于复合站之间信息传输的协议是对称的，即在链路上主站、从站具有同样的传输控制功能。

HDLC 可适用于链路的两种基本配置，即非平衡配置和平衡配置。非平衡配置的特点是由一个主站控制链路的工作，主站发出的帧叫作命令（command），次站发出的帧叫作响应（response）。平衡配置的特点是链路两端的两个站都是复合站（combined station），复合站同时具有主站与次站的功能，因此每个复合站都可以发出命令和响应。

HDLC 规程有 3 种响应方式，分别介绍如下。

1）正常响应方式（Normal Responding Model，NRM）

由主站发送指令帧，该帧的控制格式中的 P 位如置"1"，则要求此站启动传输，次站当且仅当收到主站发来的控制段 P 为 1 的帧，才启动向主站传送数据信息，次站启动后可传一帧或多帧，次站 F=1 表示最后一帧，这种方式适合半双工方式。在 HDLC 的控制字段中，P/F（Poll/Final）位称为探询、终止位，探询位 P 是主站用来请求（探询）次站发送信息或做出响应的，终止位 F 是次站用来响应主站探询的。

2）异常响应方式（Anomalous Responding Model，ARM）

次站可随时启动向主站发送数据，不必等主站发出启动命令，此方式可用于半双工和全双工方式。

3）平衡型异步响应方式（Balance Anomalous Responding Model，BARM）

这是 ARM 的改进型，其特点是：在点对点链路通信时，双方既是主站，又是次站，都有权随时启动传输数据，不必等待对方指令。显然，BARM 对高效率的全双工点对点链路较为合适。

2. HDLC 的帧格式

数据链路层的传输单位是以帧为单位的，帧被称为数据链路协议数据单元，HDLC 的帧结构如图 3-8 所示。

F	A	C	1	FCS	F
标志	地址	控制	数据	帧校验序列	标志
8	8/16	8	可变长	16	8

图 3-8　HDLC 的帧格式

HDLC 的一帧由下列字段组成。

1）标志字段 F

帧首尾均有一个由固定比特序列 01111110 组成帧标志字段 F，其作用主要有两个：帧起始与终止定界符和帧比特同步，即 F 表示下一帧开始和上一帧结束，一码多用，效率高。

发送时，发送站监测标志之间的比特序列，当发现有 5 个连续的 1 时，就插入一个 0，从而保证了帧内数据传输的透明性；接收时，接收方对标志之后的比特序列进行检测，如果发现 5 个连续的 1 比特，其后如果为 0，则将之删除以还原为原来的比特流。

HDLC 规程规定以 01111110 为标志字段，但在信息字段中也可能有同一种格式的字符。为确保帧标志字段 F 在帧内的唯一性，在帧地址字段、控制字段、信息字段、帧检验字段中采用了零比特填充技术（或称为‘0’位插入技术）。发送方在发送标志字符外的所有信息时，只要遇到连续 5 个‘1’，就自动插入一个‘0’；接收方在接收数据（除标志段外）时，如果连续接收到 5 个‘1’，就自动将其后的一个‘0’删除，以恢复原有形式，其过程如下：

设 CPU 输出 7F3A

0111111100111010	到发送器
01111101100111010	由发送器插入‘0’位串行传送
01111101100111010	到接收器
0111111100111010	接收器删除‘0’位
7F3A	到 CPU

2）地址字段 A

主站到副站的发送帧指明副站地址，而当副站向主站发响应帧时，该字段指明发往主站信息的次站地址。在非平衡结构中，帧地址字段总是填入从站地址；在平衡结构中，帧地址字段填入应答站地址。

全 1 地址是广播地址，而全 0 地址是无效地址。因此，有效地址共有 254 个。这对一般的多点链路是足够的，如果用户超过了这一数据，按照协议规定，地址字段可以按 8 bit 的整数倍来进行扩展。

3）控制字段 C

控制字段功能和格式较复杂，用于构成各种命令和响应，以便对链路进行监视和控制。发送方主站和组合站利用控制字段来通知被寻址的从站或组合站执行约定的操作；相反，从站用该字段作对命令的响应，报告已完成的操作或状态的变化，该字段是 HDLC 的关键。

控制字段中的第 1 位或第 1、2 位表示传输帧的类型，HDLC 中有信息帧（I 帧）、监控帧（S 帧）和无编号帧（U 帧）3 种不同类型的帧。

4）信息字段 I

信息字段可以是任意的比特序列组合，包含有要传送的数据，但不是每一帧都必须有信息字段。为确保数据的透明性，应执行 '0' 比特插入和删除操作。

5）帧校验字段 FCS

FCS（Frame Check Sequence）字段称为帧校验序列，采用 16 位 CRC 循环冗余编码进行校验，CCITT 建议其生成多项式 $g(x) = x^{16} + x^{12} + x^5 + 1$。除了标志字段和自动插入的 '0' 以外，一帧中其他的所有信息都要参加 CRC 校验。

3. HDLC 的帧类型

HDLC 控制字段为 8 位，它的内容取决于帧的类型。HDLC 定义了 3 种类型的帧，分别为信息帧（I 帧）、监控帧（S 帧）和无编号帧（U 帧）。

1）信息帧（I 帧）

带有 CI 控制段格式的帧叫信息帧，用于传送有效信息或数据。帧内含有信息段，通信过程中 I 帧计数。

2）监控帧（S 帧）

带有 CS 控制段格式的帧叫监控指令响应帧，监控帧用于差错控制和流量控制。主站对次站是监控指令帧，次站到主站的帧叫监控指令响应帧。S 帧中无信息段，因 S 帧纯属指令和监控位的传输，故在通信过程中不计数。

3）无编号帧（U 帧）

带有 CU 控制段格式的帧叫无编号帧。全称为无编号指令/响应帧，无编号帧因其控制字段中不包含编号 N（S）和 N（R）而得名。主站到次站的 U 帧叫无标号指令帧，次站到主站的 U 帧叫无编号响应帧。U 帧常用于通信之初定义通信方式，提供对链路的建立、拆除以及多种控制功能。带信息段的 U 帧用于调机用，在通信过程中不计数。

习　题

一、名词解释

1. 计算机网络协议
2. 计算机网络体系结构
3. 面向连接的网络服务
4. 面向非连接的连接服务

二、简答题

1. 什么是网络协议？网络协议为什么要分层？
2. 什么叫网络体系结构？采用分层后的网络系统结构有哪些优点？
3. OSI/RM 的各层主要功能是什么？
4. OSI/RM 物理层的主要作用是什么？其标准有什么特点？
5. 物理层接口的 4 个主要特性是什么？
6. 数据链路层的主要作用是什么？其主要功能有哪些？
7. HDLC 用什么方法保证数据的透明传输？
8. HDLC 帧可分为哪几类？简述各类帧的作用。
9. 什么是面向连接的服务？什么是面向无连接的服务？
10. 简述 TCP/IP 参考模型与 OSI/RM 有哪些类似之处？有哪些区别？

第 4 章　局域网技术

扫码看课件 4

20 世纪 60 年代末至 70 年代初，随着计算机的广泛应用，一些大学和公司迫切需要解决计算机资源的共享问题，于是开始在大学校园和实验室内构建局部计算机网络。例如，几台微机可共享一台激光打印机、一个文件服务器等。另外，对日常事务处理进行通信的要求也越来越迫切，例如,企事业各职能部门经常要进行数据交换。这些创新性的实验项目为局域网技术发展奠定了理论和技术基础。随着网络标准化的推广与应用，到了 80 年代，局域网的应用范围越来越广，涌现出大量的标准化局域网产品，其典型代表就是以太网。

上述实验项目一般是在一幢办公楼内的办公室之间互相通信，或者是在一个校园内的建筑物之间进行通信，这种小范围内进行资源共享的计算机网络称为局域网。局域网（LAN）是局部区域网的简称。LAN 是一种在有限的地理范围内将大量计算机及各种设备互联在一起，实现数据传输和资源共享的计算机网络。

计算机技术的普及和社会对信息资源的广泛需求，促进了计算机网络体系结构、协议标准研究的发展，从而促进了局域网技术的迅猛发展。许多机关、工厂、学校、跨国公司和机构都建立了自己的局域网，以便充分利用计算机及数据资源。由于因特网技术的迅速发展，这些原来属于内部网络的局域网都与因特网相连，成为这个世界最大的网络的一部分，为因特网的进一步发展起到强大的推动作用，局域网技术也成为大型网络的技术基础。

局域网具有以下显著特点。

1. 网络的覆盖范围小

局域网为建网单位所拥有，覆盖范围与该单位的地域有关，小到一个房间，大到一栋楼、一个校园或工业园区等，其通信距离一般在 0.1 ~ 10 km。

2. 拓扑结构多样化

常见的拓扑结构主要有总线型、环形、星形、树形和网状型。由于网络的覆盖面小，更重要的是网络由单位自己拥有，建网单位构建局域网考虑的重要因素是节省网络建设费用和更高的性价比，所以往往采用简单高效的网络拓扑结构。

3. 传输率高和误码率低

局域网内接入了大量计算机，加之一个单位内的信息资源相关性强，通信线路上的数据流量大，信道容量需求大，因此需要采用高质量、大容量的传输介质。

局域网的传输速率很高，如 10 ～ 1 000 Mb/s，甚至高达 10 Gb/s。通常采用短距离基带传输，数据传输质量高，误码率很低，约为 10^{-8} ～ 10^{-11}。

4. 能进行广播传输

目前影响局域网特性的主要技术要素：①网络拓扑结构；②传输介质（光纤可以达到较远的距离，可以有高的数据传输率）；③ 介质访问控制方法。其中介质访问控制（MAC）方法对网络特性有着重要的影响。

4.1　局域网的构成

从硬件角度看，局域网是由工作站、服务器、网卡、网络连接设备、传输介质、介质连接器构成的集合体；从软件角度看，局域网由网络操作系统构成，实现统一协调、指挥，提供文件共享、打印、通信，数据库等服务功能；从体系结构上看，局域网有一系列层次的服务和协议标准。局域网构成如图 4-1 所示。

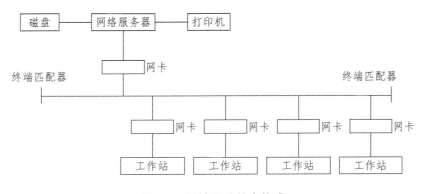

图 4-1　局域网的基本构成

4.1.1　工作站

工作站是网络前端窗口，用户通过它来访问网络的共享资源。事实上局域网也是一个具有对数据进行处理能力的多用户数据系统。工作站一般由计算机担任。不带硬盘的工作站通常称为无盘工作站。

对工作站性能的要求，主要根据用户需求而定。内存是影响工作站性能的关键因素之一。工作站所需要的内存大小取决于操作系统和工作站上所要运行的应用程序的大小和复杂程度。

4.1.2　服务器

服务器负责为网络中的其他工作站提供各种网络服务,同时也在局域网中用于网络管理、控制系统中的共享设备(如大容量的磁盘、高速打印机等)。一个局域网至少应有一台服务器,它可以是专用的,也可以是一台配置较高的计算机。共有三种服务器:文件服务器、打印服务器和通信服务器。目前在局域网中有两种网络策略:基于服务器的网络和对等的网络。

4.1.3　网络适配器

网络适配器(网卡)是所有服务器和工作站扩展槽上必须安装的网络设备,它起着通信控制处理机的作用,实现网络资源的共享和互相通信。网络适配器执行数据链路层的通信规程,实现物理层信号的转换。服务器或工作站的所有网络通信活动,都是通过网卡来实现的。目前局域网中大量使用 10/100BASE-T 网卡。网络适配器通常做成一块插件板,如图 4-2 所示。

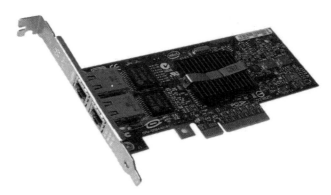

图 4-2　网络适配器

网卡所完成的功能包括:

(1)实现工作站和局域网传输介质的物理连接和电信号的匹配,接收和执行工作站及服务器送来的各种控制命令。

(2)实现局域网数据链路层的功能,包括传输介质的送取控制、信息帧的发送和接收、差错检验、串行代码转换等。

(3)实现无盘工作站的复位及引导。

(4)提供数据缓冲能力。

(5)实现某些接口功能等。

在所有计算机系统的设计中,标识系统(identification system)都是一个核心问题。在标识系统中,地址就是为识别某个系统的一个非常重要的标识符。在讨论地址问题时,很多人常常引用著名文献[SHOC78]给出的定义:名字指出我们所要寻找的那个资源,地址指出那个资源在何处,路由告诉我们如何到达该处。

IEEE 802 标准规定局域网 MAC 地址为一种 6 字节(48 bit)地址,这里的地址是指局域网上的每一台计算机中固化在适配器的 ROM 中的地址。局域网上某个主机的"地址"不能告诉我们这台主机位于什么地方。可见"MAC 地址"实际上就是每一个站的"名字"或标识符。

当路由器通过适配器连接到局域网时,适配器上的硬件地址就用来标志路由器的某个口。路由器如果同时连接到两个网络上,那么它就需要两个适配器和两个硬件地址。

4.1.4　传输介质及附属设备

传输介质是网络通信的物理基础之一。传输介质的性能对信息传输率、通信的距离、连接的网络节点数目和数据传输的可靠性等均有很大的影响。因此必须根据不同的通信要求,合理地选择传输介质。可以在局域网中使用的传输介质主要有同轴电缆、双绞线、光纤、微波无线电。

双绞线和同轴电缆一般作为建筑物内部的局域网干线;光缆则因其性能优良、价格较高,常作为局域网中建筑物之间的连接干线。一般小规模的局域网,只需采用一种传输介质就可满足要求。

附属设备由局域网使用的传输介质而定。就同轴电缆来说,它一般包括 BNC 插头、T 形头、终端适配器、中继器和调制解调器等。BNC 插头安装在同轴电缆段的两端,T 形头的一端连接用户工作站的网络适配器,其余两端分别连接两根同轴电缆段的 BNC 插头;终端匹配器安装在传输介质最外侧的两个端点上,以实现端点的阻抗匹配;中继器和调制解调器用于远距离传输,前者起信号放大的作用,后者用于信号的变换。

4.1.5　网络软件

网络系统软件是控制和管理网络运行、提供网络通信和网络资源分配与共享功能的网络软件,它为用户提供了访问网络和操作网络的友好界面。包括网络协议软件、通信软件和网络操作系统等。协议软件主要用于实现物理层及数据链路层的某些功能。通信软件用于管理各个工作站之间的信息传输。局域网操作系统是指在网络环境上基于单机操作系统的资源管理程序,主要包括文件服务程序和网络接口程序,用于管理工作站的应用程序对不同资源的访问。

代表性的产品有:Novell 公司的 NetWare、Microsoft 公司的 WindowsNT 等。

4.2　局域网的基本技术

决定局域网性能的主要技术有:① 传输介质;② 网络拓扑结构;③ 介质访问控制方法。

4.2.1　传输介质

局域网采用的传输介质主要有 4 种：双绞线、同轴电缆、光纤和微波无线电。

早期的网络中主要采用基带同轴电缆。随着网络应用的普及，双绞线得到了越来越广泛的使用。双绞线分为非屏蔽双绞线和屏蔽双绞线。非屏蔽双绞线是一种具有较高的性能价格比的传输介质，但是它的抗电磁干扰能力较差，而且由于在传输信息时向外辐射，容易造成泄密。屏蔽双绞线能够防止电磁干扰和向外辐射，但价格比非屏蔽双绞线要贵得多，且不易施工，在施工中要求完全屏蔽和正确接地。宽带同轴电缆和光纤性能较好，尤其是光纤，具有传输频带宽、通信容量大、抗电磁干扰能力强、安全性和保密性好等优点，但价格较贵。在目前的局域网中，主要采用光纤连接局域网的主干部分，随着光纤通信技术的成熟，局域网已经可以做到光纤到家、到大楼。由于有线网络机动性较差，在某些特殊场合，可采用微波、无线电、卫星等无线传输信号。

4.2.2　拓扑结构

局域网的拓扑结构指计算机网络节点和通信链路所组成的几何形状。计算机网络有多种拓扑结构，最常用的网络拓扑结构有：总线型结构、环形结构、星形结构、树形结构、网形结构和混合型结构。拓扑结构的选择只是局域网设计工作的一个部分，还必须综合传输介质、布线和介质访问控制技术以平衡可靠性、经济性、性能、可扩展性等方面。

总线型、树形拓扑结构的配置简单灵活，在实际工作中，一般而言，局域网都可采用总线型、树形拓扑结构来实现。当局域网覆盖的范围相当广而且速率要求比较高时，可以考虑使用环形拓扑。与其他类型的拓扑结构的局域网相比，环形拓扑结构局域网的吞吐量会更高一些。星形拓扑结构适用于短距离传输，而且局域网站点数量相对较少而数据速率较高的场合。

4.2.3　介质访问控制方法

介质访问控制的目的就是要保证每个工作站能够互不冲突地传送信息。

不论采用何种拓扑结构，在局域网中，都是在同一传输介质中连接了多个站，而局域网中所有的站都是对等的，任何一个站都可以和其他站通信，这就需要有一种仲裁方式来控制各站使用介质的方式，这就是所谓的介质访问方法。所谓"访问"，指的是在两个实体间建立联系并交换数据。介质访问控制方法对网络的响应时间、吞吐量和效率起着十分重要的作用。介质访问方法决定着局域网的性能，因此它是一种关键技术。

介质访问控制方法主要有 5 类：固定分配、需要分配、适应分配、探寻分配和随机访问。评价介质访问控制方法有 3 个基本要素：协议简单、有效的通道利用率和用户公平合理地使用网络。

4.3 局域网参考模型和标准

4.3.1 IEEE802 参考模型

由于局域网发展迅速、类型繁多，为了能实现不同类型局域网之间用户的通信，迫切希望尽快产生局域网标准。目前国际上局域网标准化的工作有两个方面，其中，国际电工委员会着重研究实时的工业过程控制的网络标准化；美国电器与电子工程师协会（IEEE）、欧洲计算机制造联合会（ECMA）侧重于研究办公自动化构架的 LAN 标准化。这两个协会均要把其制定的草案标准提交给 OSI/ TC97/ SC6（国际标准化组织信息处理技术委员会数据通信分会），该组织具体负责 LAN 的国际化标准工作。

1980 年 2 月，IEEE 成立 802 课题组，研究并制定了局域网标准 IEEE802，先后被接纳为美国国家标准和国际标准。

IEEE 802 标准定义了介质访问控制方法和逻辑链路控制标准及网络互联标准，还定义了上述标准中的共同体系结构及相互关系。局域网模型与 OSI 模型对应的关系如图 4-3 所示。

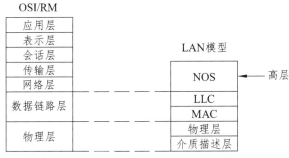

图 4-3　OSI/RM 与 LAN 的关系

由于局域网没有路由问题，一般不需要单独设置网络层。IEEE802 标准遵循 OSI/RM 的原则，集中于 OSI/RM 最低两层的功能，以及与第三层的接口服务，网络互连有关的高层协议。但局域网的介质访问控制比较复杂，因此将数据链路层分成逻辑链路控制层和介质访问控制两层。逻辑链路控制负责源节点和目的节点之间进行信息传输的控制。介质访问控制层负责控制各主机访问通信介质。不同的局域网采用不同的 MAC 子层，而所有局域网的 LLC 子层均是一致的，提供了数据链路控制与介质和布局无关的理想特性。

局域网的低两层一般由硬件（即网络适配器）实现高层由软件实现，网络操作系统是高层的具体实现。在 OSI/RM 中，通信子网必须包括低三层，但由于 LAN 的拓扑结构简单，不需要路由选择，局域网不存在网络层。因此，LAN 通信子网只包括物理层和数据链路层。

1. 物理层功能

物理层向 MAC 子层提供服务，实现载波检测、比特流的传输与接收，规定了有关的拓扑结构和传输速率，以及所使用的信号、介质、编解码等。局域网的物理层实际上由两个子层组成，其中，较低的子层描述与传输介质有关的特性，较高的子层集中描述与介质无关的物理层特性。

2. 数据链路层功能

局域网数据链路层分为介质访问控制子层和逻辑链路控制子层。

1）介质访问控制子层

介质访问控制子层与拓扑结构及传输媒介密切相关，主要完成介质访问控制功能。IEEE802 已规定了 CSMA/CD、Token Bus（令牌总线）、Token Ring（令牌环）等一系列 MAC 功能。MAC 子层负责在物理层的基础上进行无差错数据通信，维护数据链路功能，并为 LLC 子层提供服务。MAC 子层能够实现帧的寻址和识别，并完成帧校验序列的产生和校验工作。

局域网中，硬件地址又称为物理地址或 MAC 地址。MAC 地址由 48 bit 组成，前 3 个字节由厂商向 IEEE 购买；后 3 个字节由厂商分配。

MAC 地址的作用是找到我们所要进行通信的计算机。就像邮递员按信箱号（地址） 投递信件一样，计算机网络根据帧或分组中的地址来确定接收信息的计算机。

2）逻辑链路控制子层

不同的局域网有不同的 MAC 子层，但所有的 LLC 子层都是统一的，有了统一的 LLC，虽然局域网种类多，但高层可以通用。LLC 子层主要执行 OSI/RM 中基本数据链路协议的大部分功能和网络层的部分功能，如建立和释放数据链路层的逻辑连接。在发送时，给帧加上序号、地址和 CRC 校验；接收时，将帧拆开、执行地址识别、CRC 校验、并具有帧顺序控制，差错控制等功能。提供与高层的接口。

4.3.2 IEEE802 标准

IEEE802 委员会先后为 LAN 内的数字设备提出了一系列连接的标准，LAN 的现存标准如图 4-4 所示。

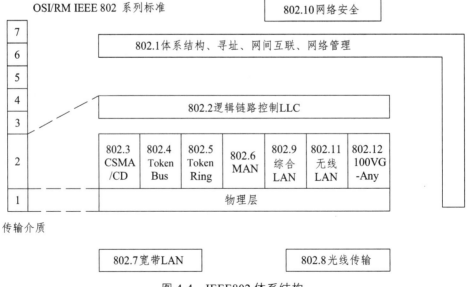

图 4-4　IEEE802 体系结构

（1）IEEE802.1：体系结构（802.1a）、寻址、网际互联和网络管理（802.1b）的指南文件。

（2）IEEE802.2：逻辑链路控制的相关标准。

（3）IEEE802.3：CSMA/CD 访问方法和物理层技术规范。

（4）IEEE802.4：令牌总线访问方法和物理层技术规范。

（5）IEEE802.5：令牌环访问方法和物理层技术规范。

（6）IEEE802.6：城域网访问方法和物理层技术规范。

（7）IEEE802.7：宽带网介质访问控制协议及其物理层技术规范。

（8）IEEE802.8：FDDI，介质访问控制协议及其物理层技术规范。

（9）IEEE802.9：综合话音/数据局域网接口标准。

（10）IEEE802.10：局域网安全技术标准。

（11）IEEE802.11：无线局域网的介质访问控制协议及其物理层技术规范。

（12）IEEE802.12：100VG-Any LAN 访问控制协议及其物理层技术规范。

在图 4-2 中，802.6 是城域网标准，它已超越了局域网的传输范围，但也置于 LLC 规范下面。近年来，又相继出现了一系列规范。

802.3ac：虚拟局域网标准。

802.3ab：1000Base T 物理层参数和规范。

802.3ad：多重链接分段的聚合协议。

802.3u：100 Mb/s 快速以太网标准。

802.3z：1000Base-SX 和 1000Base-LX 访问控制方法与物理层规范。

802.1q：虚拟桥接以太网标准。

802.14：利用 CATV 的宽带通信访问方法和物理层技术规范。

802.15：无线个人局域网介质访问控制方法和物理层技术规范。

802.16：宽带无线访问标准，其中包括固定宽带无线访问的无线界面和宽带无线访问系统的共存。从层次功能范畴来看，上述规范均为介质访问控制子层。

802.17：弹性分组环工作组。

802.18：宽带无线局域网技术咨询组。

802.19：多重虚拟局域网共存技术咨询组。

802.20：移动宽带无线接入工作组。

4.4　介质访问控制方法

在计算机局域网中，工作站与服务器，工作站与工作站之间信息传输必然要产生冲突现象，如何有效地避免冲突，使网络达到最好的工作效率以及最高的可靠性，是研究人员首先要解决的问题。用于局域网的典型介质访问控制方法有以下 3 种。介质访问控制的目的就是要保证每个工作站能够互不冲突地传送信息。

不论采用何种拓扑结构，在局域网中，都是在同一传输介质中连接了多个站，而局域网中所有的站都是对等的，任何一个站都可以和其他站通信，这就需要有一种仲裁方式来控制各站使用介质的方式。

4.4.1 载波监听多路访问/冲突检测方法（CSMA/CD）

最初，美国施乐（Xerox）公司的 Palo Alto 研究中心（简称为 PARC）于 1975 年研制成功采用 CSMA 技术以无源的电缆作为总线来传送数据帧，其速率可达 2.94 Mb/s，并以曾经在历史上表示传播电磁波的以太（Ether）来命名。1981 年，施乐公司与数字装备公司（Digital）以及英特尔（Intel）公司合作，联合提出了以太网的规约，并增加了检测碰撞功能，称之为 CSMA/CD。IEEE802.3 是对以太网的标准化。

CSMA/CD 方法争用信道的过程如图 4-5 所示。

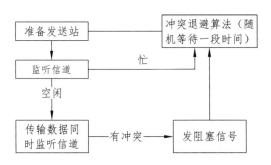

图 4-5　CSMA/CD 工作流程

（1）以太网的数据信号是按差分曼彻斯特方法编码，因此如总线上存在电平跳变，则判断为总线忙，否则判断为总线空闲。网络中任何一个工作站在发送信息前，要侦听网络中有无其他工作站在发送信号，如果信道是空闲的，则发送。

（2）如果信道忙，即信道被占用，则继续侦听，此工作站要等一段时间再争取发送权。直到检测到信道空闲后，才能发送信息。查看信道有无载波监听，而多路访问指多个工作站共同使用一条线路。

当侦听到信道已被占用时，等待时间可由两种方法确定。一种是当某工作站检测到信道被占用后继续检测，一直到信道出现空闲后立即发送，这种方法称为持续的载波监听多路访问。另一种是检测到信道被占用后，等待一个随机时间后再进行检测，直到信道出现空闲后再发送，这种方法称为非持续的载波监听。

（3）当一个工作站开始占用信道进行信息发送时，再用冲突检测器继续对网络监测一段时间，即一边发送，一边监听，把发送的信息与监听的信息比较，如果结果一致，则说明发送正常，抢占总线成功，可继续发送。如果结果不一致，则说明有冲突，应立即停止发送，这样做可避免因传送已损坏的帧而浪费信道容量。

（4）如果在发送信息过程中检测出冲突，即发送信息和接收到的信息不一致，则要进入发送"冲突加强信号"阶段，此时要向总线上发一串阻塞信号，通知总线上各站冲突已发生。采用冲突加强措施的目的是确保有足够的冲突持续时间，以使网中所有节点都能检测出冲突存在，废弃冲突帧，减少因冲突浪费的时间，提高信道利用率，冲突加强中发送的阻塞信号一般为 4 字节的任意数据。等待一个随机时间后，再重复上述过程进行发送。如果线路上最远两个站点信息包传送延迟时间为 d，碰撞窗口时间一般为 $2d$。

如果在几乎相同的时刻，有两个或两个以上节点发送了数据帧，就会产生冲突，冲突检测的方法有两种，比较法和编码违例判决法。所谓比较法就是发送节点发送数据的同时，将其发送信号的波形与从总线上接收到的波形进行比较，如果总线上同时出现两个或两个以上的发送信号，他们叠加后的信号波形将不等于任何节点发送的波形信号。所谓编码违例判决法只检测从总线上接收到的信号波形，如果总线上只有一个节点发送数据，则从总线上接收波形一定符合差分曼彻斯特方法编码规律。

CAMA/CD 的接收过程比较简单，总线上的工作站总在监听总线，一旦有信息传输，就接收信息。节点对接收信息的信号进行检测，如果发现信号畸变，说明在发送的过程中出现了冲突，这时候应立即停止接收，并将接收到的信息删除。如果在整个接收过程中没有冲突发生，站点收下数据，再分析和判断该帧携带的目的地址，如果目的地址是本机地址，则复制该帧，否则丢弃该帧。

CSMA/CD 控制方式的优点是原理比较简单，技术上容易实现，网络中各工作站处于平等地位，不需集中控制，在网络负荷较轻时效率较高。

CSMA/CD 控制方式的缺点是不能保证在一个确定时间内把信息发到对方而不发生碰撞，不适宜要求实时性强的应用。总线对负荷很敏感，负荷增大时，效率下降。

4.4.2　令牌环访问控制方法

令牌环网（token ring）1969 年由 IBM 提出，其应用仅次于以太网。IEEE 802.5 标准是在 IBM 令牌环网的基础上形成的。环形网络的主要特点是只有一条环路，信息单向流动，无路径问题。

令牌环访问控制的主要原理是使用一个称之为"令牌"的短帧，该令牌沿环形网依次向每个节点传递，只有拥有令牌的站才有权发送信息，当网上无信息传输时，令牌处于"空闲"状态，空令牌一直逆时针运行。当某一个工作站准备发送信息时，就必须等待，直到检测并捕获到经过该站的令牌为止，然后，将令牌的控制标志从"空闲"状态改变为"忙"状态，并发送出一帧信息。其他的工作站随时检测经过本站的帧，当发送的帧目的地址与本站地址相符时，就接收该帧，待复制完毕再转发此帧，直到该帧沿环一周返回发送站，并收到接收站指向发送站的肯定应答信息时，才将发送的帧信息进行清除，并使令牌标志又处于"空闲"状态，继续插入环中。当另一个新的工作站需要发送数据时，按前述过程，检测到令牌，修改状态，把信息装配成帧，进行新一轮的发送。这样可以保证任一时刻传输介质只被一个站点占用，而不会像以太网那样出现竞争的局面，不会因为冲突而降低效率。因此它是非争用型介质访问控制方法。

采用令牌环控制方式的主要优点是访问方式具有可调整性，令牌环网上的各个站点可以设置成不同的优先级，允许具有较高优先权的站点申请获得下个令牌权，具有很强的实时性。

令牌环的主要缺点是控制电路较复杂。例如，可能会出现因数据帧未被正确移去而始终在环上循环传输的情况；也可能出现令牌丢失，或只允许一个令牌的网络中出现了多个令牌等异常情况。解决这类问题的常用办法是在环中设置监控器，对异常情况进行检测并消除。

4.4.3　令牌总线访问控制方式

1976 年美国 Data Point 公司研制成功的 ARCnet 网络，它综合了令牌传递方式和总线网络的优点，在物理总线结构中实现令牌传递控制方法从而构成一个逻辑环路。

ARCnet 主要用于总线型或树形网络结构中，采用总线式的令牌传递方式，每一台联网的站点都含有一站号，各站根据站号连成一个逻辑环。

只有在逻辑环上的站点才有机会获得令牌，而不在逻辑环上的站点只能通过总线接收数据或响应令牌保持时间。只有令牌持有者才能控制总线，才有发送信息的权力。信息是双向传送的，每个站都可以检测到其他站点发送的信息。在令牌传递时，都要加上目的地址，所以只有检测到并得到令牌的工作站才能发送信息，它不同于 CSDM/CD 方式，可在总线型和树形结构中避免冲突。

ARCnet 的优点是各个工作站对介质的共享权力是均等的，可以设置优先级；各个工作站不需要检测冲突，故信号电压容许较大的动态范围；有一定实时性，在工业控制中得到了广泛的应用。缺点是控制电路较复杂，成本高，轻负载时，线路传输效率低。

4.5　以太网

4.5.1　以太网介质访问控制协议

以太网是典型的总线局域网，任何节点发送信息都是随机的，网中节点都只能平等地争用发送时间，以太网的介质访问控制方法采用 CSMA/CD。随着交换式局域网的出现，以太网也采用星形拓扑结构。

虽然以太网标准和 IEEE802.3 在很多方面都非常相似，但是仍然存在着一定的差别。其主要区别是以太网标准仅描述了使用 50 Ω 的同轴电缆，数据传输速率为 10 Mb/s 的总线局域网，而且包括 OSI/RM 中的第一层和第二层，即物理层和数据链路层的全部内容；而 IEEE802.3 标准描述了运行在各种介质上，数据传输速率为 1 ~ 10 Mb/s 的所有采用 CSMA/CD 协议的局域网，并且只定义了 OSI/RM 中的数据链路层中的介质访问子层和物理层。

1.　以太网 MAC 帧结构

局域网中一般采用以数据块为单位的同步方式，待发送的数据加上一定的控制类信息构成以太网帧结构，如图 4-6 所示。

7 字节	1 字节	6 字节	6 字节	2 字节	n 字节	4 字节
前导码	帧定界符	目的地址（DA）	源地址（SA）	长度	数据	检验位

图 4-6　以太网帧结构

帧内各字段功能如下。

（1）前导码。由 7 个字节的 0、1 间隔代码组成，每字节均为 10101010，用来通知目标站做好接受准备，又称前同步信号。

（2）帧定界符。帧定界符包括一个字节，其位组合是 10101011，以两个连续的 1 结尾，表示一帧实际开始。

（3）目的地址。是发送帧的目的接收站地址，由 2 个字节或 6 个字节组成，10 Mb/s 的标准规定为 6 字节。

（4）源地址。由 6 个字节组成，标志发送站的地址。

（5）长度。由 2 个字节组成，表示以字节为单位的数据段长度。

（6）数据。真正在收发两站之间要传递的数据块，标准规定数据块最多只能包括 1500 个字节，最少也不能少于 46 个字节，如果实际数据长度小于 46 个字节，则必须加以填充。

（7）校验位。帧校验采用 32 位 CRC 校验，校验范围是目的地址、源地址、长度及数据块。校验位由发送设备计算产生，在接收方被重新计算以确定帧在传送过程中是否被损坏。

2. 工作流程

MAC 帧的发送流程如图 4-5 所示，这里不再赘述。

冲突发生后，应随机延迟一段时间，再去争用总线进入重发阶段。进入重发状态的第一件事情就是计算重发次数，以太网规定一个帧可以重发 16 次，否则就认为线路发生了故障。

4.5.2　以太网组网技术

以太网可以采用 3 种传输介质进行组网，即细同轴电缆、粗同轴电缆和双绞线。

1. 细同轴电缆以太网

细同轴电缆以太网也称 10BASE-2，其中 10 是指网络的数据传输速率为 10 Mb/s，BASE 是指基带传输，2 是指最大的干线长度为 185 m。图 4-7 所示为两个网段和一个中继器的细同轴电缆以太网。

细同轴电缆以太网所使用的网络硬件有以下几种。

（1）网卡：每个站点需要至少一块带有 BNC 接口的以太网卡。

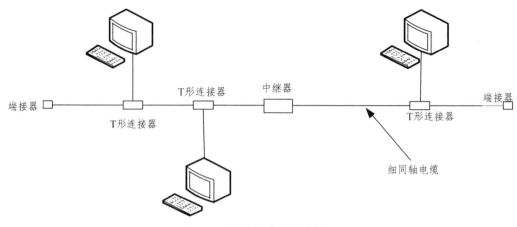

图 4-7　细同轴电缆以太网

（2）BNC-T 形连接器：一个三通插头，两端插头用于连接同轴电缆，而中间插头用于连接网卡。

（3）BNC 连接器头：用于细同轴电缆与 T 形连接器之间的连接。

（4）电缆：直径为 1/4 inch（0.635 cm）、50 Ω 的细同轴电缆。

（5）端接器：安排在细缆的两端。

（6）中继器：一根细缆的总长度不超过 185 m，细缆以太网最多允许加入 4 个中继器，连接 5 段干线，但仅允许在 3 个干线上接工作站，其余的两个网段只能用于延长距离，最大网络干线长度为 185×5=925（m），一个干线上最多可接 30 台工作站。

细同轴电缆以太网的网络拓扑结构为总线型，介质访问控制协议为 CSMA/CD，工作站间的最小距离为 0.5 m，多用于小规模的网络环境。

2．粗同轴电缆以太网

粗同轴电缆以太网也称 10BASE-5，5 是指最大的干线段为 500 m，该网是标准以太网。

粗同轴电缆以太网所使用的网络硬件有以下几种。

（1）网卡：每个站点需要至少一块带有 AUI 接口的以太网卡，插在工作站的插槽上，实现数据链路层及部分物理层功能。

（2）收发器：收发器沿电缆发送和接收信号，完成载波监听和冲突检测的功能。粗缆以太网的每个节点需要一个安装在同轴电缆上的外部收发器进入网内。有 3 个端口，一端用来连接工作站，另两个侧端口连接粗同轴电缆。收发器到工作站间距小于 50 m，两个收发器间的距离不小于 2.5 m。

（3）收发器电缆：把网卡连接到收发器的电缆被称为连接单元接口电缆，网卡和收发器上的连接器被称为 AUI 连接器。

（4）电缆：粗缆用 1/2 inch、50 Ω 的粗同轴电缆作干线。

（5）端接器：安排在细缆的两端。

（6）中继器：一根粗缆的总长度不超过 500 m，粗缆以太网最多允许加入 4 个中继器，连接 5 段干线，但仅允许在 3 个干线上接工作站，最大网络干线长度为 2 500 m。一个干线上最多可接 100 台工作站。

　　粗同轴电缆以太网的网络拓扑结构为总线型，介质访问控制协议为 CDMA/CD，工作站间的最小距离为 2.5 m。粗缆网的抗干扰能力比细缆好，但造价高，安装较为复杂。

3．双绞线以太网

　　双绞线以太网也称 10BASE-T，1990 年由 IEEE 认可，编号为 IEEE802.3i，T 表示采用双绞线一个基本的 10BASE-T 连接，如图 4-8 所示。

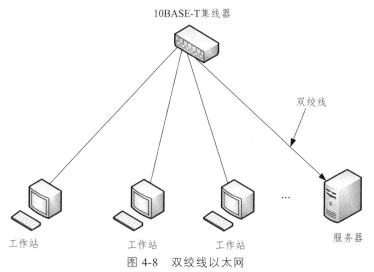

图 4-8　双绞线以太网

　　双绞线以太网的硬件配置如下。

　　（1）网卡：每个站点需要至少一块支持 RJ-45 接口的网卡。

　　（2）RJ45 连接器：电缆两端各压接一个 RJ-45 插头，一端连接网卡，另一端连接集线器。

　　（3）双绞线：以太网标准规定只能用 3 类以上的 UTP 或 STP 双绞线。

　　（4）集线器：10BASE-T 集线器是 10BASE-T 的网络技术核心，它是一个具有中继器特性的有源多口转发器，其功能是接收从某一端口发送来的信号，经过重新整形后再转发给其他的端口。集线器还具有故障自动隔离功能，当网络出现异常情况时，如冲突次数过多或某个网络分支发生故障时，集线器会自动阻塞相应端口，删除特定的网络分支，使网络的其他分支不受其影响。双绞线以太网是物理上星形、逻辑上总线型的局域网，RJ-45 插头不像同轴电缆中的插口，它的牢固性极好。

　　（5）中继器：一根双绞线的总长度不超过 100 m，双绞线以太网最多允许加入 4 个中继器，连接 5 段干线，但仅允许在 3 个干线上接工作站，最大网络干线长度为 500 m。一个干线上最多可接 30 台工作站。

　　双绞线以太网的网络拓扑结构为星形或总线型，介质访问控制协议为 CSMA/CD，站点数由 Hub 的端口数决定。

4.5.3　交换式以太网

　　前面我们介绍的以太网都属于共享式局域网，在任何时刻，信道中只允许一个站点的单向信息流，其他站点都能收到，并根据帧头的目标地址对此信息流做出判断。由此可见，以太网的信道始终处于"分享"和"共享"的状态。它具有以下特点。

（1）共享媒体。

（2）任何时候只允许两个站点通信，一个发送，一个接收。

（3）用一部分带宽处理共享协议 CSMA/CD、token ring，网络利用率低。

（4）共享带宽，每个站点所获得的带宽很少，且站点越多，每个站获得的带宽越少。

1990 年问世的交换式集线器（switching hub），可明显地提高以太网的性能。要解决带宽问题一般使用网络微段化，即将网络化分成若干个子网。为了解决网络速度问题，近年来越来越广泛使用交换式局域网，它具有独立带宽及传输信道。

交换式集线器常称为以太网交换机（switch）或第二层交换机，工作在数据链路层，以数据链路层的帧或信元为交换单位，以交换设备为基础构成的网络为交换式局域网，它具有独立带宽及传输信道。

1. 交换式局域网的特点

（1）提供独立的信道及带宽，站点越多，带宽越大。

（2）实现网络分段，均衡负载，同时提供多个通道，允许同时有多对站点进行通信。

（3）具有灵活的接口速率，例如，10/100 Mb/s 自适应，还可与 155 Mb/s 的 ATM 端口相连,在数据链路层做协议转换。

（4）提供全双工模式操作，提高了处理效率，时间响应快，访问协议简单，带宽利用率高。

（5）可与现有以太网完全兼容。

（6）可互联不同标准的 LAN、FDDI、以太网等，端口具有帧格式的自动转换功能。

（7）提供了 VLAN 虚拟局域网的功能。

2. 以太网交换原理

交换机（ switch）是由网桥发展而来的，它工作在数据链路层，对数据进行存储转发。以太网交换机的主要功能是：① 建立虚电路；② 依靠其内部的帧转发表来完成帧转发。当两个站点间有数据要传递时，在这两个站点间就建立起一条点对点的连接，包发送完后，就立即拆除这条连接。每个交换机内部都保存了一张地址表。在地址表中端口号与 MAC 地址一一对应。交换机从一个端口收到数据包，识别包中的目的站 MAC 地址。查地址表找到目的站的端口号，就建立了一条虚电路，例如 A—C，然后发送，下一次再发送时，它就自动记住了其端口号，自动对应。帧转发表是通过自学习算法自动地逐渐建立起来的。以太网交换机由于使用了专用的交换结构芯片，其交换速率较高。当主机需要通信时，交换机能使每一对相互通信的主机都能像独占传输媒体那样，无碰撞地传输数据。工作原理如图 4-9 所示。

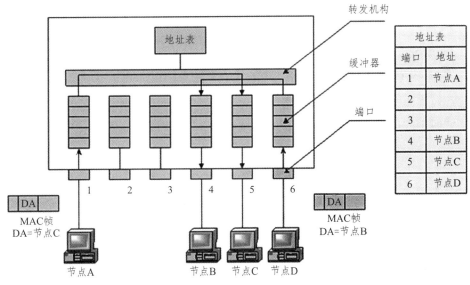

图 4-9　交换机工作原理

3. 交换模式

以太交换机端口接收到一个帧时的处理方式和效率与 LAN 交换模式有关，有 3 种以太交换模式：存储转发模式、直通模式和不分段模式。

4.5.4　高速以太网

目前流行的局域网基本上都是采用百兆比特以太网组合架构的快速以太网（fast Ethernet）结构。通常，使用吉比特以太网交换机作为核心交换机提供高速主干连接，使用若干吉比特交换机作为工作组交换机。一般把 100 Mb/s 的以太网称为快速以太网，1 000 Mb/s 及以上速率的称为高速以太网。

1. 百兆比特以太网

百兆比特以太网 100BASE-T 继承性地直接拓展了 10BASE-T 以太网，该网的信息包格式、包长度、差错控制及信息管理均与 10BASE-T 相同，MAC 层仍采用 CSMA/CD 介质访问控制方式，但信息传输速率比 10BASE-T 提高了 10 倍，拓扑结构采用星形，被 IEEE 列为正式标准，代号为 IEEE802.3U。

2. 吉比特以太网

1997 年确定了吉比特以太网的核心技术，1998 年正式通过了吉比特以太网标准 802.3z，之后又通过了 802.3ab 标准。

吉比特以太网使用原有以太网的帧结构、帧长及 CSMA/CD 协议解决共享媒体的争用，只是在底层将数据速率提高到了 1 Gb/s。因此，它与标准以太网（10 Mb/s）及快速以太网

（100 Mb/s）兼容。用户能在保留原有操作系统统、协议结构、应用程序及网络管理平台与工具的同时，通过简单的修改，使现有的网络工作站升级到吉比特速率。

3. 10 吉比特以太网

随着全双工快速以太网和吉比特以太网的成熟，以太网的工作距离也随之加大。以太网技术在局域网中占据了绝对优势。随着对城域网乃至广域网数据传输速率的不断提高，人们逐渐将目光投入到 10 吉比特以太网上来。2002 年 IEEE 公布了 10 吉比特以太网的正式标准 802.3ae。

10 吉比特以太网的主要技术特点如下。

（1）保留了 802.3 以太网的帧格式、最大帧长和最小帧长。

（2）只使用全双工工作方式，改变了传统以太网半双工的广播工作方式，传输距离也就不再受碰撞检测的限制，因而有可能构成广域网。

（3）只使用光纤作为传输介质而不使用铜线。

（4）使用点对点链路，支持星形结构的局域

（5）10 吉比特以太网数据传输率非常高，不直接与端用户相连。

（6）创造了新的光物理媒体相关（PMD）子层。

10 吉比特以太网的应用前景非常广阔，主要是因为目前它在城域网的应用中具有重要的意义。由于广域网广泛采用了 DWDM 技术，因此，因特网主干网的带宽增长很大，但作为企业网或校园网到主干网之间的衔接网络——城域网的发展却有些滞后。这就使得城域网在许多情况下成为用户接入因特网的瓶颈。当 10 吉比特以太网应用于城域网时，无论是因特网服务的提供者或是因特网的用户，都能够获得较大的益处。

4.5.5 虚拟局域网

1. 虚拟局域网概述

虚拟局域网（Virtual LAN，VLAN）以交换式网络为基础，把网络上的终端用户分为若干个逻辑小组。每个逻辑小组称作一个 VLAN。逻辑小组的划分与站点所处的物理位置无关，它不是物理结构上存在的一种网络类型，因此称为逻辑网络。

在 IEEE802.1Q 标准中是这样定义 VLAN 的：虚拟局域网是局域网中由一些具有某些共同需求的网段构成的与物理位置无关的逻辑组，网络中的每一个帧都带有明确的标识符以指明其源发站是属于哪个 VLAN 的。在传统的局域网中，各站点共享传输信道所造成的信道冲突和广播风暴是影响网络性能的重要因素。

广播域是指网段上所有设备的集合。通常来说一个局域网就是一个广播域。虚拟局域网技术可以隔离广播域。

从一般意义上来讲，VLAN 是指在物理网络上通过软件策略，根据用途、工作组等将用户从逻辑上分为一个相对独立的局域网，在逻辑上等同于 OSI/RM 第二层的广播域，同一个 VLAN 的成员能共享广播，而不同 VLAN 之间广播是相互隔离的，这样将整个网络分割成多

个不同的广播域。如果要将广播发送到其他 VLAN，就要用到提供路由支持的第三层网络设备，如三层交换机或路由器。

VLAN 的工作原理相当于对网络进行了逻辑分段，一个网段相当于一个广播。与传统局域网用网桥、交换机等物理设备从物理地点上形成广播域[见图 4-10（a）]不同，属于同一个 VLAN 的节点设备不必存在于同一个交换机的端口上[见图 4-10（b）]。网络管理员可以根据不同的服务目的，通过相应的软件灵活地建立和配置 VLAN，并为每个 VLAN 分配它所需要的带宽。LAN 的出现打破了传统网络许多固有的观念，为网络的各种应用提供了更加灵活方便的网络平台。

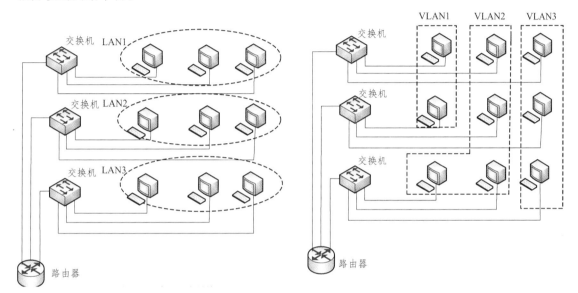

（a）传统 LAN 的分段（广播域）　　　　　（b）虚拟 LAN 的分段（广播域）

图 4-10　传统 LAN 与虚拟 LAN 的分段示意图

2. VLAN 组网方法

以下几种 VLAN 组网方法是比较常用的。

1）按端口划分

根据局域网的交换机端口号来定义 VLAN 成员。例如，LAN 交换机上的端口 1、2、3、7、8 所连接的工作站可以构成 VLAN1，而端口 4、5、6 则构成 VLAN2。其主要缺点是不支持用户移动，一旦用户移动至一个新的位置，网络管理员必须配置新的 VLAN。如图 4-11、图 4-12 所示。

2）MAC 地址划分

从某种意义上说，VLAN 是一种基于用户

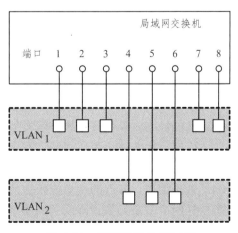

图 4-11　按端口划分 VLAN

的网络，因为网卡是在工作站上，即使站点移动到其他物理网段，也能自动保持 VLAN 成员资格。这种划分方法比较灵活，但当站点增多，划分的 VLAN 增多时，由于其 VLAN 需人工配置，会变得非常麻烦。

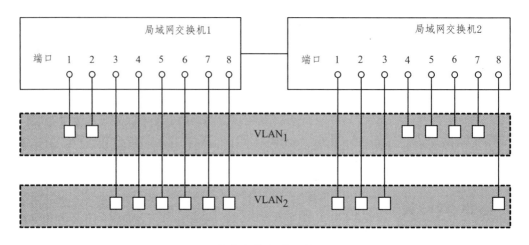

图 4-12　多个交换机端口定义 VLAN

3）按网络协议划分

这种方法是按网络协议划分 VLAN 的，对 TCP/IP 协议非常有效，它可方便地按网络地址（IP 地址）来划分。当采用 TCP/IP 组网时，按网络层地址（即 IP 地址）组成 VLAN。每个 VLAN 都是和一段独立的 IP 网段相对应，这样 IP 广播组就与 VLAN 域是一一对应的关系。

用户成员可以随意移动工作站而无须重新配置网络地址，并且可减少交换机之间交换 VLAN 成员信息的工作。但比基于 MAC 地址 VLAN 效率差些。

3．VLAN 特性

不同厂商提供的 VLAN 方案各不相同，因此目前 VLAN 产品必须使用同一厂家的，不同厂商的产品无法互通。

总体来说，通过合理地划分 VLAN 来管理网络具有以下优点。

（1）分段灵活。逻辑划分 VLAN 组，打破了地理位置的约束，在不改动网络物理连接的情况下可任意将工作站在工作组之间移动。

（2）安全性好。不同的广播域成员不能互相访问，对于保密要求高的用户，可分在一个 VLAN 中。

（3）性能提高。每个站点的通信大都在 VALN 内，从而减少子网间的数据流量，提高了网络整体效率。由于缩小了广播域，有利于控制广播风暴，提高了网络带宽的利用率和网络性能。

（4）管理简单。节点的变更能快速便捷地处理，无须进行布线调整，减少了当组成员物理位置变迁时的复杂操作，降低了网络维护费用。

4.6　无线局域网

4.6.1　无线局域网概述

无线局域网（Wireless Local Area Network，WLAN）是一种短距离无线通信组网技术，它是以无线信道为传输媒质构成的计算机网络，通过无线电传播技术来实现在空间传输数据。它是利用射频（Radio Frequency；RF）技术，使用电磁波，取代旧式双绞铜线（coaxial）所构成的局域网络。在空中进行通信连接可相当便利地进行数据传输，达到"信息随身化、便利走天下"的理想境界。WLAN 是传输范围在 100 m 左右的无线网络，它由 WiFi Alliance（国际 WiFi 联盟组织）推动，可用于单一建筑物或办公室之内。无线局域网是近年来发展十分迅速的网络技术，它本质上是以太网与无线通信技术相结合的产物，但随着产品逐渐走向成熟，将在网络应用中发挥日益重要的作用。

WLAN 的定义有广义和狭义两种。广义上讲 WLAN 是以各种无线电波（如激光、红外线等）的无线信道来代替有线局域网中的部分或全部传输介质所构成的网络。WLAN 的狭义定义是基于 IEEE 802.11 系列标准，利用高频无线射频（如 2.4 GHz 或 5 GHz 频段的无线电磁波）作为传输介质的无线局域网。大家不妨和我们日常生活中的 WLAN 联系一下，我们经常听到的"802.11n、2.4 G、5 G"是不是感觉和 WLAN 的狭义定义有种千丝万缕的关系？其实，我们日常生活中的 WLAN，就是指 WLAN 的狭义定义。

4.6.2　无线局域网相关标准

目前，无线局域网有很多协议标准，如 IEEE 802.11、蓝牙、Home RF 等。虽然标准众多，但大致可分为两大发展方向：以高速传输应用发展为主（IEEE 802.11）；以低速短距离应用为主（蓝牙、Home RF）。其中，IEEE 802.11 系列的速度较快，稳定性和互用性较高，适用于区域网；蓝牙速度较慢，但移动性强、体积小，适合移动电话、个人数字助理（PDA）或个人电脑等短距离连接。

1. IEEE 802.11 系列标准

该标准定义了物理层和介质访问控制子层（MAC）的协议规范，最大传输速率 2 Mb/s，允许无线局域网及无线设备制造商在一定范围内设立互操作网络设备。任何 LAN、网络操作系统或协议（包括 TCP/IP、Novell Net Ware）在遵守 IEEE 802.11 标准的无线 LAN 上运行时，就像它们运行在以太网上一样容易。

IEEE 802.11 标准的不断完善推动着 WLAN 走向安全、高速、互联。WLAN 主要用于解决办公室局域网和校园网、用户与用户终端的无线接入等，特别是在构建家庭 LAN 上也发挥着越来越大的作用。

目前，已经产品化的 IEEE 802.11 标准主要有以下几种。

1）IEEE 802.11a

IEEE 802.11a 使用 5 GHz 频段，传输速率范围为 6～54 Mb/s。该标准采用 OFDM（正交频分）调制技术，有 12 个传输信道。IEEE 802.11a 的数据速率较高，支持较多用户上网，但信号传播距离较短，易受阻碍。

2）IEEE 802.11b

IEEE 802.11b 使用 2.4 GHz 频段，采用补偿码键控（CKK）调制方式，有 3 个传输信道，可以根据信道质量在 11 Mb/s、5.5 Mb/s、2 Mb/s、1 Mb/s 间切换传输速率。IEEE802.11b 最高数据速率较低，信号传播距离较远，不易受阻碍。

3）IEEE 802.11g

IEEE 802.11g 使用 2.4 GHz 频段，最高传输速率为 54 Mb/s，有 3 个传输信道。802.11g 能完全兼容 802.11b，即 802.11b 的设备在连接到一个 802.11g 的 AP（Access Point）上时仍能工作，802.11g 的设备连接到一个 802.11b 的 AP 上时也仍能工作，同时，802.11g 的速率能达到 802.11a 水平，也支持更多用户同时上网，信号传播距离较远，不易受阻碍。IEEE 802.11g 的兼容性和数据速率弥补了 IEEE 802.11a 和 IEEE 802.11b 各自的缺陷，因此，IEEE 802.11g 一出现就得到了众多厂商的支持。

4）IEEE802.11n

2004 年 1 月发布，传输速度达 475 Mb/s，此项新标准比 802.11b 快 45 倍，而比 802.11g 快 8 倍左右。802.11n 将比之前的无线网络传送更远的距离。

5）IEEE802.11ac

802.11ac 使用 5 GHz 频段，采用更宽的基带（最高扩展到 160 MHz）、高密度的调制解调（256 QAM）。理论上，802.11ac 可以为多个站点服务提供 1 Gbit 的带宽，或是为单一连接提供 500 Mbit 的传输带宽。世界上第一只采用 802.11ac 无线技术的路由器，于 2011 年 11 月 15 日由美国初创公司 Quantenna 推出。

2．Home RF

Home RF 是专门为家庭用户设计的一种 WLAN 技术标准。HomeRF 利用跳频扩频方式，既可以通过时分复用支持语音通信，又能以 CSMA/CA 协议提供数据通信服务。同时，HomeRF 提供了与 TCP/IP 良好的集成，支持广播、多播和 48 位 IP 地址。目前，HomeRF 标准工作在 2.4 GHz 的频段上，跳频带宽为 1 MHz，最大传输速率为 2 Mb/s，传输范围超过 100 m。下一代 Home RF 无线通信网络传送的最高速率提升到 10 Mb/s，跳频带宽增加到 5 MHz。Home RF 的带宽与 IEEE 802.11b 标准所能达到的 11 Mb/s 的带宽相差无几，并且将使 Home RF 更加适合在无线网络上传输音乐和视频信息。

3．蓝牙技术

蓝牙技术（bluetooth）是一种支持设备短距离通信（10 m 以内）用于各种固定与移动的数字化设备之间的低成本无线通信连接技术。蓝牙的技术标准是 IEEE802.15，工作在

2.4 GHz 频段，蓝牙跳频更快，数据包更短，这使蓝牙比其他系统都更稳定。

4．红外线数据标准协会

红外线数据标准协会（Infrared Data Association，IrDA）成立于 1993 年，是非营利性组织，致力于建立无线传播连接的国际标准。IrDA 提出一种利用红外线进行点对点通信的技术，传输速率可达 16 Mb/s。其相应的软件和硬件技术都已比较成熟，主要优点是体积小、功率低、成本低，适合设备移动通信的需要。

4.6.3　无线局域网技术

1．组成及结构

无线局域网组成结构可分为分布对等式和集中控制式两种。分布对等式：任意两个移动站可直接通信，无须中心站转接。这种方式覆盖区域小，但结构简单，使用方便。集中控制式：任意两个移动站都直接与中心站或无线接入点 AP 连接，在该中心（AP 站，以下称为"中心站"）的控制下与其他移动站通信，由中心站承担无线通信的管理及与有线网络的连接。无线用户在中心站所覆盖的范围内工作时，无须为寻找其他站点而耗费大量的资源，是理想的低功耗工作方式。虽然这种方式形成的覆盖区域较大，但建中心站的费用较高，而且一旦中心站发生故障将影响到无线服务区。目前无线局域网采用的结构主要有对等式、接入式和中继式 3 种。

1）对等式

对等结构模式又称为点对点模式（Ad-hoc）或称为自组织网络，它是 WLAN 的一种特殊接头体系，属于无中心拓扑结构，它由无线工作站组成，用于一台无线工作站和另一台或多台其他无线工作站的直接通信，没有中心基站，其无线局域网如图 4-13 所示，所有的移动站都能对等地相互通信。在构建局域网时，某一个移动站会自动设置为初始站，对网络进行初始化，使所有同域移动站构成为一个局域网，并且设定站间协作功能，允许有多个站同时发送信息，因此，每个移动站的 MAC 帧中同时有源地址、目的地址和初始地址。目前，这种形式的网络比较适合组建临时的小型局域网，适合野外作业、流动会议等业务。

2）接入式

接入式的无线局域网以星形拓扑结构为基础，以接入点（AP）为中心，所有的移动站之间的通信都要通过 AP 接转，如图 4-14 所示。可以在普通局域网基础上通过无线 Modem 等来实现。相应地，在 MAC 帧中，同时有源地址、目的地址和接入点地址。根据各移动站发送的响应信号，AP 能在内部建立一个像"路由表"那样的"桥连接表"，将各个移动站与 AP 各端口一一联系起来。当需要接转信号时，AP 就通过查询"桥连接表"获得输出端口号，从而实现数据链路转接。

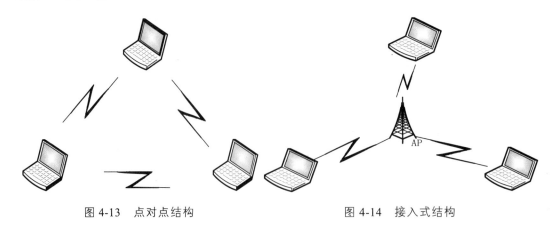

图 4-13　点对点结构　　　　　　　　图 4-14　接入式结构

3）中继式

中继式的无线局域网建立在接入式的原理之上，在两个 AP 间作点对点链接，这种形式比较适合在两个局域网间实现远距离互连（架设高增益定向天线后，传输距离可达到 50 km），被互连的局域网既可以是缆线型的，也可以是无线型的。因为无线网络采用中继方式的组网模式多种多样，所以统称为无线分布系统。在这种模式下，MAC 帧中 4 个地址，即源地址、目的地址、中转发送地址和中转接收地址。

2. 关键技术

实现无线局域网的关键技术主要集中在复杂的物理层，即涉及传输介质的选择、选择的频段及调制方式和数据信号的传输技术方面。在 MAC 子层，则是采用带有冲突避免的 CSMA/CA 介质接入协议。

1）传输介质与传输技术

目前无线局域网采用的传输介质主要有两种，即红外线和无线电波。红外线局域网使用波长小于 1 μm 的红外线，支持 1～2 Mb/s 数据速率，具有很强的方向性，受阳光干扰大，仅适合于较短距离的无线传输。而无线电波的覆盖范围较广，是常用的无线传输介质。

采用无线电波作为传输介质时有两种调制方式：扩频方式和窄带调制方式。所谓扩频（spread spectrum）通信，是指发送的信息被扩展到一个比信息带宽宽得多的频带上去，接收端通过相关接收将其恢复到原信息带宽的方法。扩频频通信的特点是抗干扰能力强，可以进行多址通信。使用扩频方式通信，一方面使通信非常安全，基本避免了通信信号被偷听和窃取，另一方面也不会对人体健康造成伤害，所以在使用无线电波作为传输介质时，目前主要采用扩频通信方式。

2）常见无线网络设备

要组建无线局域网，必须要有相应的无线网络设备，几乎所有的无线网络产品中都自含无线发射和接收功能，且通常是一机多用。常见的设备主要由无线接入点（wireless Access Point，AP）、无线路由器、无线网卡、无线网桥、天线等。

无线接入点：AP 的作用是给无线网卡提供网络信号。AP 分为两大类，一类是不带路由功能的，另一类是带路由功能的。

无线路由器：具有无线覆盖功能和网络管理功能。

无线网卡：主要包括网卡（NIC）单元、扩频通信机和天线 3 个功能模块。网卡单元属于数据链路层，由它负责建立主机与物理层之间的连接；扩频通信机与物理层建立了对应关系，它通过天线实现无线电信号的接收与发射。是安装在计算机上的接口卡，用来扩充计算机的传输接口。

无线网桥：主要用于无线或有线局域网之间的互联。当两个局域网无法实现有线连接或使用有线连接存在困难时，可使用无线网桥实现点对点的连接，在这里，无线网桥起到了网络路由选择和协议转换的作用。

天线：无线网络互联需要使用天线。根据天线的功能特性，可以分为定向天线、全向天线、扇形天线、平板天线、蝶形天线等。

无线 Hub 既是无线工作站之间相互通信的桥梁和纽带，同时又是无线工作站进入有线以太网的访问点。它负责管理其覆盖区域（无线单元）内的信息流量。覆盖彼此交叠区域的一组无线 Hub，能够支持无线工作站在大范围内的连续漫游功能，同时又能始终保持网络连接，这与蜂窝式移动通信的方式非常相似。另外，在同一地点放置多个无线 Hub，可以实现更高的总体吞吐量。

3）CSMA/CA

前面所述的以太网 MAC 层接入协议为 CSMA/CD，即载波侦听多点访问/冲突检测协议。由于在无线网络中冲突检测较困难，IEEE 802.11 规定介质访问控制 MAC 子层采用冲突避免（Collision Avoidance，CA）协议，而不是冲突检测（CD）协议。为了尽量减少数据的传输碰撞、重试发送，防止各站点无序地争用信道，无线局域网中采用了与以太网 CSMA/CD 相类似的 CSMA/CA（载波监听多路访问/冲突防止）协议。CSMA/CA 通信方式将时间域的划分与帧格式紧密联系起来，保证某一时刻只有一个站点发送，实现了网络系统的集中控制。

4.7　网络互联设备及接口

组建局域网时，除了常用的网络连接硬件设备（如网卡）、传输介质等，还需要一些接插件，如 RJ-45 接口。如果网络需要扩展或网络之间需要互联，不仅是简单的物理链路的互通，更重要的是使用户能访问所需的数据和各种应用，这就需使用中继器（repeater）、网桥（bridge）、交换机（switch）、路由器（router）、网关（gateway）等互联设备。

用于网络互联的设备通常有以下几种：

中继器：在不同电缆段复制位信号，工作在 OSI 模型的最底层 —— 物理层。

网桥：在局域网间存储、转发帧，工作在 OSI 模型的第二层 —— 数据链路层。

交换机（switch）：工作在 OSI 模型的第二层 —— 数据链路层。

路由器：在局域网间存储、转发分组，工作在 OSI 模型的第三层 —— 网络层。

网关：协议转换器，工作在 OSI 模型的四层以上。

4.7.1　网络接口

网络接口通常指的是网络用户设备（或终端）与网络设备之间的接口，常见的以太网接口以下几种类型。

1. RJ-45 接口

这种接口就是我们现在最常见的网络设备接口，俗称"水晶头"，专业术语为 RJ-45 连接器，属于双绞线以太网接口类型。

2. 光纤接口

光纤接口类型很多，常见的光纤接口包括 FC、ST、SC，SC 光纤接口，主要用于局网交换环境，在一些高性能以太网交换机和路由器上提供了这种接口。

3. BNC 接口

BNC 是专门用于与细同轴电缆连接的接口，细同轴电缆也就是我们常说的"细缆"，现在 BNC 基本上已经不再使用于交换机。

4. Console 接口

以太网交换机上一般都有一个"Console"端口，用于对交换机进行配置和网络管理。Console 端口是最常用、最基本的交换机管理和配置端口。

5. 网络接口卡

网卡（Network Interface Card，NIC）也叫作网络适配器，是连接计算机与网络的硬件设备。网卡插在计算机或服务器扩展槽中，通过网络线缆（如双绞线、同轴电缆或光纤）与网络交换数据、共享资源。它一方面通过总线与计算机设备接口相连，另一方面又通过电缆接口与网络传输媒介（如双绞线）相连。在安装网卡之后往往还要进行协议的配置，即需要驱动。

网卡工作在 OSI/RM 的物理层和数据链路层，不同类型和速度的网络需要使用不同种类的网卡。每一个网卡上都有一个世界唯一的 MAC 地址，MAC 地址被烧录在网卡的 ROM 中，用来标明并识别网络中的计算机的身份，依靠该 MAC 地址，才能实现网络中不同计算机之间的通信和信息交换。

网卡有很多类型，如以太网网卡、ATM 网卡、无线网网卡等。此外，不同型号和不同厂家的网卡，往往有一定的差别，应针对不同的网络类型和应用场所正确选择网卡。

4.7.2　中继器和集线器

1. 中继器

中继器（repeater）是最简单的网络连接设备，工作在 OSI/RM 的物理层。中继器的作用是放大通过网络传输的数据信号，用于扩展局域网的作用范围。例如，对 Ethernet 局域网设计连线时，两个最远用户之间的距离（包括用户到局域网的连接电缆）不超过 500 m（IEEE802 .3 标准），使用了中继器后，路径可延长到 1 500 m。如图 4-15 所示。中继器对于高层协议是完全全透明的，即无论高层采用什么协议都与中继器无关。中继器的主要优点是安装简单，使用方便，几乎不需要维护。

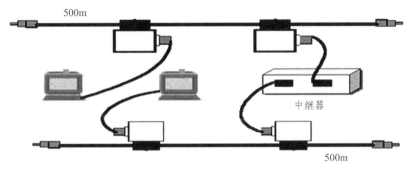

图 4-15 中继器连接图

2. 集线器

集线器（Hub）是局域网中计算机和计算机之间的连接设备，作为网络传输介质间的中央节点，它克服了传输介质通道单一的缺陷。如图 4-16 所示，网络以集线器为中心的优点是当网络系统中某条线路或某节点出现故障时，不会影响网上其他节点的正常工作。

图 4-16 网络集线器

4.7.3 网桥和交换机

1. 网桥

网桥（bridge）又称为桥接器，工作在 OSI/RM 的数据链路层。网桥是用来连接两个网络操作系统相同的网络，网桥是一个局域网与另一个局域网之间建立连接的桥梁。

网桥的功能：①过滤通信量，使局域网的流量限制在一个网络分段内；②扩大网络物理范围；③提高网络可靠性，因为它能够隔离一个物理网段的故障；④互联不同的局域网，如以太网、FDDI、令牌环等。

2. 交换机

交换机也称交换式集线器，它工作在 OSI/RM 的数据链路层，能够分辨 MAC 地址。作为高性能的集线设备，交换机已经逐步取代了集线器而成为计算机局域网的关键设备，适合于大量数据交换的网络，广泛应用于各类多媒体与数据通信网中。

根据交换机工作的协议层，交换机可分为二层交换机、三层交换机等。

二层交换机属于数据链路层设备，可以识别数据包中的 MAC 地址信息，根据 MAC 地址进行转发，并将这些 MAC 地址与对应的端口记录在自己内部的一个地址表中。

三层交换机就是具有部分路由器功能的交换机，三层交换机的最重要目的是加快大型局域网内部的数据交换，所具有的路由功能也是为这个目的服务的，能够做到一次路由，多次转发。对于数据包转发等规律性的过程由硬件高速实现，而像路由信息更新、路由表维护、路由计算、路由确定等功能，由软件实现。三层交换技术在网络模型中的第三层实现了数据包的高速转发，既可实现网络路由功能，又可根据不同网络状况实现最优网络性能。

二层交换机用于小型的局域网络，二层交换机的快速交换功能、多个接入端口和低廉的价格为小型网络用户提供了完善的解决方案。

三层交换机的优点在于接口类型丰富，支持的三层功能强大，路由能力强大，适合用于大型网络间的路由，它的优势在于选择最佳路由、负荷分担、链路备份，以及和其他大型局域网内部的数据的快速转发，加入路由功能也是为这个目的服务的。如果把大型网络划分成一个个小的局域网，将导致大量的网际互访，单纯地使用二层交换机不能实现网际互访，如单纯地使用路由器，由于接口数量有限和路由转发速度慢，将限制网络的速度和网络规模，采用具有路由功能的快速转发的三层交换机就成为首选。

4.7.4 路由器

路由器（router）连接多个逻辑上分开的网络，即不同的逻辑子网。它的特点是：① 与网络层的协议有关，其协议决定信息传输的最佳路径选择；② 具有流量控制功能 —— 防止拥塞现象，解决速度匹配问题；③ 解决 LAN—LAN 的互联；④ 具有隔离广播信息的能力；⑤ 具有协议转换的能力，可互联异构网；⑥ 具有安全机制，根据 IP 地址可以进行包过滤。它是网络层互联设备，工作在 OSI/RM 的网络层。

路由器的主要工作就是为经过路由器的每个数据帧寻找一条最佳传输路径，并将该数据有效地传送到目的站点。为了完成这项工作，在路由器中保存着各种传输路径的相关数据 —— 路由表（routing table），供路由选择时使用。路由表中保存着子网的标志信息、网上路由器的个数和下一个路由器的名字等内容。路由表可以是由系统管理员固定设置好的，也可以由系统动态修改；可以由路由器自动调整，也可以由主机控制。

随着计算机技术的不断发展，网络互联设备向着支持多种协议的复合路由器与网桥/路由器结合的桥接路由器的方向发展。

路由器要有路由协议处理功能，协议决定信息传输的最佳路径，由路由器执行协议操作。目前存在不同标准的路由器协议，如 IGRP、RID、OSPF 等。

4.7.5　网关

网关工作在 OSI/RM 的高三层，即会话层、表示层和应用层。网关（bridge）使用协议转换器提供高层接口（主要是软件），用于两个高层协议不同的网络互连，实现高层协议转换功能，故网关中有两个或多个网卡。因此，网关又称为协议转换器。例如：电子邮件的 SMTP 协议（TCP/IP）、X.400（CCITT）协议，两种协议格式编码不同，转换时需要网关。

习　题

一、名词解释

1. WLAN
2. 虚拟局域网
3. CSMA/CD
4. 交换式以太网

二、简答题

1. 局域网有哪些特点？决定其性能的因素有哪些？
2. 局域网最常用的介质访问控制方法有哪 3 种？各有什么特点？
3. 交换式以太网技术具有哪些优点？
4. 局域网的拓扑结构有哪几种？各有什么优缺点？
5. 无线局域网相关标准主要有哪几种？并简述之。
6. 交换机有哪几种类型？VLAN 是什么？有什么优点？VLAN 有哪几种类型？
7. 交换式局域网与共享式局域网相比有哪些特点？简述交换机的基本原理。
8. 二层交换机和三层交换机有哪些区别？
9. 在局域网的互联中，路由器有什么作用？
10. 局域网的体系结构与 OSI 模型相比有什么区别？常用的标准有哪些？
11. 网络的互联设备有哪些？各用在 OSI 模型的哪几层？

第5章 互联网技术

扫码看课件 5

5.1 互联网技术概述

5.1.1 TCP/IP 概述

局域网、城域网、广域网的体系结构及协议大都属于 OSI 参考模型中的物理层和数据链路层，由它们构成网络硬件支撑环境，也称为网络基础结构。在此基础之上，还要通过高层传输协议来提供更高级、更完善的服务，才能构成完整的网络环境，为网络应用提供充分的支持。网络传输协议是在网络基础结构上提供面向连接或无连接的数据传输服务，以支持各种网络应用。TCP/IP 即传输控制协议/网际协议，是为广域网设计的，是技术最成熟、应用最广泛的网络传输协议，并拥有完整的体系结构和协议标准。它是一个非常可靠且实用的网络协议，是一种网络体系结构，是一种网络通信协议的工业产品，已广泛应用于各种网络中，不论是局域网还是广域网都可以用 TCP/IP 来构造网络环境。除了 UNIX 外，Windows、NetWare 等一些著名的操作系统都将 TCP/IP 纳入其系统中，以 TCP/IP 为核心协议的 Internet 更加促进了 TCP/IP 的应用和发展。

TCP/IP 网络体系结构起源于美国 ARPAnet。TCP/IP 是 Internet 上所有网络和主机之间进行交流所使用的共同"语言"，是 Internet 上使用的一组完整的标准网络协议。

重点提示：通常所说的 TCP/IP 实际上包含了大量的协议和应用，且由多个独立定义的协议组合在一起，因此，更确切地说，应该称其为 TCP/IP 协议簇（集），它以两个主要协议即传输控制协议（TCP）和网际协议（IP）而得名。

OSI 参考模型研究的初衷是希望为网络体系结构与协议的发展提供一种国际标准，在网络协议中，OSI 虽然具有比较完整的体系结构层次，但还只是一个协议标准的参考模型，并没有形成产品。由于 Internet 的飞速发展，使得 TCP/IP 得到了广泛的应用，TCP/IP 常被称为是一种事实上的国际标准，并形成了 TCP/IP 参考模型。TCP/IP 在不断发展的过程中也吸收了 OSI 标准中的概念及特征。

TCP/IP 是为保证 Internet 正常工作而要求所有 Internet 中的主机都必须遵守的通信协议。它具有以下几个特点。

（1）开放的协议标准，可以免费使用，并且独立于特定的计算机硬件与操作系统。

（2）独立于特定的网络硬件，可以运行在局域网、广域网中，更适用于互联网中。

（3）统一的网络地址分配方案，使得整个 TCP/IP 设备在网络中都具有唯一的 IP 地址。

（4）标准化的高层协议，可以提供多种可靠的用户服务。

与其他网络体系结构一样，TCP/IP 也是分层的体系结构，TCP/IP 体系结构分为 4 层，分别是网络接口层、网际互联层、传输层和应用层。

在 TCP/IP 的层次结构中，虽然包括 4 个层次，但实际上只有 3 个层次包含了实际的协议。TCP/IP 中各层对应的协议主要如图 5-1 所示。

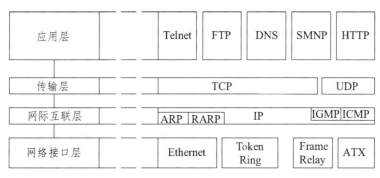

图 5-1　TCP/IP 体系结构中的协议与网络

5.1.2　Internet 概述

1．Internet 的定义

Internet，国际互联网，是采用网络互联技术建立起来的、主要用于共享网络信息资源的计算机网络。Internet 是由成千上万的不同类型、不同规模的计算机网络和计算机主机组成的覆盖世界范围的巨型网络。Internet 的中文名又称为"因特网"。20 世纪 60 年代初期，美国国防部委托高级研究计划局（ARPA）研制广域网络互连课题，并建立了 ARPAnet 实验网络，这就是 Internet 的起源。

Internet 的技术特征：第一，Internet 是一种计算机网络，是国际性的网络，所以网络的规模和范围都非常大，具有广域网的某些特征；第二，Internet 是一种互联网，采用网络互联技术，通过路由器把各种各样的网络互连起来；第三，Internet 是一种信息网络，可以为人们提供广泛的信息资源。

从技术角度看，Internet 包括了各种计算机网络，从小型的局域网、城市规模的城域网，到大规模的广域网。计算机主机包括 PC、专用工作站、小型机、中型机和大型机。这些网络和计算机通过电话线、高速专用线、微波、卫星和光缆连接在一起，在全球范围内构成了一个四通八达的"网间网"。Internet 起源于美国，并由美国扩展到世界其他地方。在这个网络中，其核心的几个最大的主干网络组成了 Internet 的骨架，它们主要属于美国的 Internet 服务供应商，通过主干网络之间的相互连接，建立起一个非常快速的通信网络，承担了网络上大部分的通信任务。每个主干网络间都有许多交汇的节点，这些节点将下一级较小的网络和主机连接到主干网络上，这些较小的网络再为其服务区域的公司或个人提供连接服务。

从应用角度来看，Internet 是一个世界规模的巨大的信息和服务资源网络，它能够为每一个 Internet 用户提供有价值的信息和其他相关的服务。也就是说，通过使用 Internet，世界范围的人们既可以互通信息、交流思想，又可以从中获得各方面的知识、经验和信息。

2. Internet 原理

Internet 是一组全球信息资源的总汇。有一种粗略的说法，认为 Internet 是由于许多小的网络（子网）互连而成的一个逻辑网，每个子网中连接着若干台计算机（主机）。Internet 以相互交流信息资源为目的，基于一些共同的协议，并通过许多路由器互联而成，它是一个信息资源和资源共享的集合。计算机网络只是传播信息的载体，而 Internet 的优越性和实用性则在于本身。1995 年 10 月 24 日，"联合网络委员会"通过了一项有关决议：将"互联网"定义为全球性的信息系统。

（1）通过全球性的唯一的地址在逻辑上链接在一起，这个地址是建立在互联网协议（IP）或今后其他协议基础之上的。

（2）可以通过传输控制协议和互联网协议（TCP/IP），或者今后其他接替的协议或与互联网协议兼容的协议来进行通信。

（3）可以让公共用户或者私人用户使用高水平的服务。这种服务是建立在上述通信及相关的基础设施之上的。

实际上，由于互联网是划时代的，它不是为某一种需求设计的，而是一种可以接受任何新的需求的总的基础结构，可以从社会、政治、文化、经济、军事等各个层面去解释理解其意义和价值。或者说 Internet 是一项正在向纵深发展的技术，是人类进入网络文明阶段或信息社会的标志。对 Internet 将来的发展给以准确的描述是十分困难的。但目前的情形使互联网早已突破了技术的范畴，正在成为人类向信息文明迈进的纽带和载体。总之，Internet 是我们今后生存和发展的基础设施，它直接影响着我们的生活方式。Internet 在为人们提供计算机网络通信设施的同时，还为广大用户提供了非常友好的、人人乐于接受的访问方式。Internet 使计算机工具、网络技术和信息资源不仅被科学家、工程师和计算机专业人员使用，同时也为广大群众服务，进入非技术领域、进入商业、进入千家万户。Internet 已经成为当今社会最有用的工具，它正在悄悄改变着我们的生活方式。在新世纪，全球化、信息化、网络化是世界经济和社会发展的必然趋势，它实现了在任何地点、任何时间进行全球个人通信，使社会的运作方式，人类的学习、生活、工作方式发生了巨大的变化。

3. Internet 应用

（1）收发电子邮件。这是最早也是最广泛的网络应用。由于其低廉的费用和快捷方便的特点，仿佛缩短了人与人之间的空间距离，不论身在异国他乡与朋友进行信息交流，还是联络工作都变得非常便捷。

（2）网络的广泛应用会创造一种数字化的生活与工作方式，叫作 SOHO（小型家庭办公室）方式。家庭将不再仅仅是人类社会生活的一个孤立单位，而是信息社会中充满活力的细胞。

（3）上网浏览。这是网络提供的最基本的服务项目。用户可以访问网上的任何网站，根据兴趣在网上畅游，能够足不出户尽知天下事。

（4）查询信息。利用网络这个全世界最大的资料库，可以使用查询信息的搜索引擎从浩如烟海的信息库中找到需要的信息。随着我国"政府上网"工程的发展，人们的一些日常事务完全可以在网络上完成。

（5）电子商务，即消费者借助网络，进入网络购物站点进行消费的行为。网络上的购物站点建立在虚拟的数字化空间里，它借助 Web 来展示商品，并利用多媒体特性来加强商品的可视性、选择性。

（6）丰富人们的闲暇生活方式。闲暇活动即非职业劳动的活动，它包括：消遣娱乐型活动，如欣赏音乐、看电影、看电视、跳舞、参加体育活动；发展型活动包括学习文化知识、参加社会活动、从事艺术创造和科学发明活动等。与网络有直接关系的闲暇生活一般包括闲暇教育、闲暇娱乐和闲暇交往。

（7）其他应用。现实世界中人类活动的网络版俯拾即是，如网上点播、网上炒股、网上求职、艺术展览等。

随着 Internet 在全球的普及和其在各个领域的广泛应用，工业时代那种以地缘为本的场地分割和垄断方式的国家和企业集团的模式会逐步被打破。我们现在面对的是一个统一的全球市场，经济将实现全球化。目前最为突出的是网络环境下的经济模式——电子商务。

5.2　Internet 网络层协议

5.2.1　IP 协议

1. IP 的主要功能

Internet 网络层的协议有很多，最重要的是 IP（Internet Protocol）。IP 即网际协议，也就是为计算机网络相互连接进行通信而设计的协议。在 Internet 中，它是能使连接到网上的所有计算机网络实现相互通信的一套规则，规定了计算机在 Internet 上进行通信时应当遵守的规则。任何厂家生产的计算机系统，只要遵守 IP 协议就可以与因特网互联互通。它和 TCP 传输控制协议是整个 TCP/IP 协议簇中最重要的部分。IP 的基本任务是屏蔽下层各种物理网络的差异，向上层提供统一的 IP 数据报，由 IP 控制传输的协议单元称为 IP 数据报，各个 IP 数据报之间是相互独立的。

IP 的基本功能是对数据包进行相应的寻址和路由，并从一个网络转发到另一个网络。它屏蔽了形形色色物理网络的差异，向上一层提供了无连接的 IP 数据报服务。IP 在每个发送的数据包前加入一个控制信息，其中包含了源主机的 IP 地址和其他一些信息。IP 的另一项工作是分割和重编在传输层被分割的数据包。由于数据包要从一个网络转发到另一个网络，当两个网络所支持传输的数据包的大小不相同时，IP 就要在发送端将数据包分割，然后在分割的每一段前再加入控制信息进行传输。当接收端接收到数据包后，IP 将所有的片段重新组合形成原始的数据。

2. IP 的特性

IP 是一个无连接的协议。无连接是指主机之间不建立用于可靠通信的端到端的连接，源主机只是简单地将 IP 数据包发送出去，而 IP 数据包可能会丢失、重复、延迟时间长或者顺序混乱。因此，要实现数据包的可靠性传输，就必须依靠高层的协议或应用程序，如传输层的 TCP。

IP 的重要特性是非连接性和不可靠性，非连接性是指经 IP 处理过的数据包相互独立，可按不同的路径传输到目的地，到达顺序可不一致。不可靠性是指没有提供对数据流在传输时的可靠性控制，是"尽力传送"的数据报协议。它没有重传机制，对底层子网也没有提供任何纠错功能，用户数据报可能发生丢失、重复甚至失序到达。IP 无法保证数据报传输的结果，IP 服务本身不关心这些结果，也不将结果通知收发双方。"尽力"的数据报传送服务是指 IP 数据报的传输利用了物理网络的传输能力，网络接口模块负责将 IP 数据报封装到具体网络的帧（LAN）或者分组（X.25 网络）中的信息字段。事实上，IP 只是单纯地将数据报分割成包（分组）发送出去，利用 ICMP 所提供的错误信息或错误状况，再配合上层的 TCP 和 UDP，则可以提供对数据的可靠性控制。对于一些不重要或非实时的数据传输，如电子邮件，则可利用不可靠的 UDP 传输方式，而对于重要和实时数据必须利用可靠的 TCP 传输方式。

3. IP 数据报格式

IP 数据报封装到以太网的 MAC 数据帧，与一般网络层分组格式相似，IP 数据报也分为两部分：首部和数据。首部又分成两部分：固定部分和可选部分。固定部分为 20 字节，可变部分的长度可变。规定首部的总长度是 60 字节。数据报的格式以 4 个字节（32 bit）为单位，这是 TCP/IP 统一格式的描述。

这样，首部固定为 5 个单位，首部总长度最大为 15 个单位。在首部后，也是以 4 个字节为单位的数据部分，如图 5-2 所示。

4 bit	4 bit	8 bit	16 bit	
版本	首部长度	区分服务	数据报总长度	
标识			标志	片偏移
生存时间 TTL		协议	首部校验和	
源 IP 地址				
目的 IP 地址				
可选项			填充	
...				
数据				
...				

图 5-2 IP 数据报格式

（1）版本：版本字段占 4 bit，指 IP 协议的版本号，通信双方使用的 IP 协议的版本必须一致，目前一般使用版本 4（IPv4）。下一代 IP 协议版本是 IPv6，正在普及中。

（2）首部长度：首部长度字段占 4 bit，可表示的最大数值为 15 个单位，共 60 个字节，典型的头部长为 20 字节，即只有首部的固定部分，没有可选部分。若 IP 数据报首部长度不是 4 字节的整数倍时，必须利用首部的最后一个填充字段加以填充。

（3）区分服务：区分服务字段共 8 bit，主要指 IP 包的传输时延、优先级和可靠性。早期这个字段叫作服务类型字段，1998 年 IETF 将这个字段改名为区分服务 DS（Differentiated Services）。只有在使用区分服务时，这个字段才起作用，在一般情况下都不使用这个字段。

（4）总长度：总长度是指数据报首部和数据之和的长度，单位为字节。总长度字段为 16 bit，因此，数据报最大长度为 65 535 字节。而实际中极少会达到这样的长度。

（5）标识：标识字段占 16 bit。用于分片数据报重组时使用。长的数据段在传送时会被分割成多个包来传送，接收端会将来源和识别符号值相同的包收集起来重新组合成原来的数据。它是数据报的唯一标识，用于数据报的分段和重组。

在 IP 层下面的每一种数据链路层协议都规定了一个数据帧中的数据字段的最大长度，即最大传送单元 MTU（Maximum Transfer Unit）。当一个 IP 数据报封装成链路层的帧时，此数据报的总长度（首部加数据部分）一定不能超过下面的数据链路层所规定的 MTU 值。例如，以太网就规定其 MTU 值为 1500 字节。如果所传送的数据报长度超过数据链路层的 MTU 值，就必须把过长的数据报进行分片处理。

IP 软件在存储器中维持一个计数器，每产生一个数据报，计数器就加 1，并将此值赋给标识字段，但这个标识不是序号。这个标识字段的值被复制于报文分片后每个数据报分片的标识字段中。相同的标识字段的值使分片后的各数据报片最后能正确地重装为一个原来的数据报。

（6）标志：标志字段占用 3 bit，但目前只使用前两位，其格式如下所示。标志字段也用于控制数据报分段用。MF（More Fragment）位表示后面是否还有分片的数据报片。MF=1 表示后面还有分片的数据报；MF=0 表示这是若干数据报分片中的最后一个。DF（Don't Fragment）表示是否允许数据报分段。只有当 DF=0 时才允许分片。

MF	DF	保留

（7）片偏移：占 13 bit。表示分片后，本片在原来数据报中的位置，以 8 字节为 1 个单位。

（8）生存时间（Time To Live，TTL）：占 8 bit，以秒（s）为单位，用来设置本数据报的最大生存时间。在包开始传送时设置为 255，TTL 字段的作用体现了 IP 协议对数据报在传输过程中的延迟控制作用。路由器总是从 TTL 中减去数据报消耗的时间，每当包经过一个路由器时，该字段自动减 1，直到 0 为止。当 TTL 字段值已减少为 0 时，便将该数据报从网络中删除。

然而，随着技术的进步，路由器处理数据报所需的时间不断缩短，一般都远远小于 1 s，后来就把 TTL 字段的功能改为"跳数限制"（英文名称不变，还是 TTL）。路由器在转发数据报之前将 TTL 值减 1。若 TTL 值减小到零，就丢弃该数据报，不再转发。因此，现在 TTL 的单位不再是秒，而是跳数。TTL 的意义用于指明数据报在因特网中最多可经过多少个路由器。

（9）协议：占 8 bit，数值为 0～255，指数据报数据区数据的高级协议的类型，如 TCP、UDP、ICMP 等。即该字段表示哪一个上层协议准备接收 IP 包中的数据，如协议字段值为 6 时，表示上层的 TCP 协议准备接收 IP 包中的数据。常用的一些协议和相应的协议字段值如下：

协议名	ICMP	IGMP	TCP	UDP	OSPF
协议字段值	1	2	6	17	89

（10）首部校验和：用于校验数据报首部，不包括数据部分，确保 IP 数据报首部的完整性和正确性。

（11）源 IP 地址：指送出 IP 包的主机地址，占 4 字节。

（12）目的 IP 地址：占 4 字节，指接收 IP 包的主机地址。

（13）可选项字段：大小不确定，用来提供多种选择性的服务。

（14）填充字段：IP 数据报首部的大小一定是 32 bit 的整数倍，当选项字段不是整数倍时，就用该字段填充字段来补充，通常用 0 来填补。

5.2.2　IP 地址

1. 物理地址与逻辑地址

在计算机网络中，对主机的识别要依靠地址，而保证地址全网唯一性是需要解决的问题。互联网通过路由器把各个子网互联，在每个子网内的节点存在一个物理地址，这是各节点的唯一标识。各个节点的设备必须有一个可以识别的物理地址，才能使信息进行交换。例如，以太网的物理地址是 6 个字节的地址。但是，单纯使用物理地址寻址会有以下问题。

（1）物理地址是不同网络技术的体现，不同标准的物理网络，其物理地址格式可能不同。

（2）物理地址被固化在网络设备（网络适配器）中，通常不能被修改。

（3）物理地址属于非层次化的地址，它只能标识出单个的设备，标识不出该设备属于哪一个网络。

针对物理地址存在的问题，互联网采用网络层 IP 地址（即逻辑地址）的编址方案。在互联网中，不同标准的物理地址连成虚拟网后必须有一个统一标准的地址，以便在整个网络上有一个标准统一的且唯一的节点标识，这就是 IP 地址。IP 地址对各个物理网络地址的统一是通过上层软件进行的，这种软件没有改变任何物理地址，而是屏蔽了它们，建立了一种 IP 地址与物理地址之间的映射关系。这样，在互联网络层使用 IP 地址，到了底层，通过映射得到物理地址。

IP 地址作为互联网的逻辑地址也是层次型的，它是一个 32 位的地址，理论上可以表示 2^{32} 个地址。也就是 Internet 给每一台上网的计算机分配的一个 32 位长的二进制数字编号，这个编号就是所谓的 IP 地址。

IP 地址是由网络号与主机号两部分组成。其中，网络号用来标识一个逻辑网络，主机号用来标识网络中的一台主机。一台 Internet 主机至少有一个 IP 地址，而且这个 IP 地址是全网唯一的。

用二进制数表示 IP 地址的方法不便阅读和记忆，所以，Internet 管理委员会采用了一种"点分十进制"表示方法来表示地址。以字节（Byte，B）为单位，将 IP 地址分为 4 个字节（每个字节为 8 bit），且每个字节用十进制表示，再用符号作为间隔，就得到了一个用十进制数表示的 IP 地址，如某服务器的 IP 地址是 11011010.00011110.00001100.101001001，转换成点分的十进制数则为 101.226.103.106。

2．IP 地址的分类

IP 协议把 IP 地址分成 5 类，包括 A 类、B 类、C 类、D 类和 E 类。5 类 IP 地址的格式如图 5-3 所示。由图可以看出，五类 IP 地址在网络号的最前面有 1~4 位的类别位，其数值分别固定对应为 0，10，110，1110 和 1111，所以五类 IP 地址分别占有整个 IP 地址空间的 50%，25%，12.5%，6.25%，6.25%。

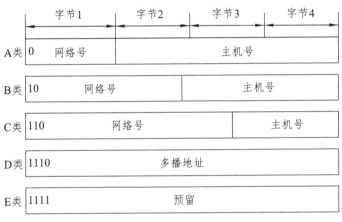

图 5-3　IP 地址的分类

五类 IP 地址中，我们日常接触的主要为 A、B、C 三类，D 类和 E 类应用较少，D 类用于多播，E 类为保留实验地址。把常用的 IP 地址分为 A、B、C 三类，是因为最初认为，各种网络的差异很大，有的网络拥有很多主机，而有的网络拥有的主机很少。这样分类之后可以满足不同用户的要求。A 类地址适用于大型网络，B 类地址适用于中型网络，C 类地址适用于小型网络。地址的类别可通过 IP 地址的最高 8 位，即字节 1 来进行判别，如表 5-1 所示。

表 5-1　IP 地址分类表

IP 地址分类表			
IP 地址类别	最高 8 位的二进制数值范围	第一个十进制数值范围	最高 4 位
A	00000000 ~ 01111111	0 ~ 127	0　×　×　×
B	10000000 ~ 10111111	128 ~ 191	1　0　×　×
C	11000000 ~ 11011111	192 ~ 223	1　1　0　×
D	11100000 ~ 11101111	224 ~ 239	1　1　1　0
E	11110000 ~ 11111111	240 ~ 255	1　1　1　1

这里要指出，IP 地址的使用规则在发展的过程中也有多次变化，近年来已经广泛使用无分类 IP 地址进行路由选择，A、B、C 类地址的区分已经成为历史，但是有很多文献和资料还在使用和讲解传统的分类 IP 地址，为了让概念的演进更清晰，我们从传统分类说起。

在互联网发展早期，当某个单位申请到一个 IP 地址时，实际上是获得了具有相同网络号的一块地址，其中具体的各个主机号则由该单位自行分配，只要做到在该单位范围内无重复的主机号即可。即在该单位范围内，各个主机的 IP 地址的网络号相同，主机号不同。

1）A 类地址

A 类地址的网络号占用一个字节，只有 7 位可分配（第一位已经固定为 0），剩下三个字节，即 24 位表示主机号。

网络号全为 0 和全为 1 保留用于特殊目的，主机号全为 0 和全为 1 也有特殊用途，具有特殊用途的地址可参考表 5-2 的说明。因此，A 类地址有效的网络数为 126 个，其范围为 1～126。每个网络号包含的主机数为 $2^{24}-2=16777\ 214$ 个。因此，一台主机能使用的 A 类地址的有效范围是 1.0.0.1～126.255.255.254。

2）B 类地址

B 类地址用高 16 位作为网络号，其中最高 2 位"10"表示网络类别，余下 14 位可分配，低 16 位表示主机号。因为 B 类地址最高 2 位为"10"，所以 B 类地址前两个字节的网络号不存在全 0 或全 1。B 类的最小网络地址是从 128.1.0.0 开始（128.0.0.0 保留）。因此，B 类地址中有效的网络数为 $2^{14}-1=16\ 383$ 个，每个网络中所包含的有效的主机数为 $2^{16}-2=65\ 534$ 个。B 类地址的范围为 128.1.0.0～191.255.255.255。

3）C 类地址

C 类地址用高 24 位作为网络号，其中最高 3 位为"110"表示网络类别，余下 21 位可分配，用低 8 位表示主机号。C 类的最小网络地址从 192.0.1.0 开始（192.0.0.0 保留）。因此，C 类地址网络个数为 2^{21}（实际有效的为 $2^{21}-1=2\ 097\ 151$）个，每个网络号所包含的主机数为 $2^{8}-2=254$ 个。C 类地址的范围为 192.0.0.0～223.255.255.255。

4）D 类地址

D 类地址第一字节的前 4 位为"1110"。D 类地址用于多播，多播就是同时把数据发送给一组主机，只有那些已经登记可以接受多播地址的主机才能接受多播数据包。D 类地址的范围是 224.0.0.0～.239.255.255.255。

5）E 类地址

E 类地址第一字节的前 4 位为"1111"。E 类地址是为将来预留的，同时也可以用于实验目的，但它们不能分配给主机。

3. 特殊 IP 地址

对于任何一个网络号，其全为"0"或全为"1"的主机地址均为特殊的 IP 地址。例如，

210.40.13.0 和 210.40.13.255 都是特殊的 IP 地址。特殊的 IP 地址有特殊的用途，只能在特定的情况下使用，不分配给任何用户使用。如表 5-2 所示。

表 5-2 特殊 IP 地址表

网络号	主机号	地址名称	用　途
全 0	全 0	本机地址	启动时使用，代表本网络上的本主机
全 1	全 1	有限广播地址	在本网络上广播，通用本地网广播地址
有网络号	全 0	网络地址	标识一个网络，代表一个网络
有网络号	全 1	直接广播地址	在某网络上进行广播（路由器不转发）
127	非全 0 或全 1 的任意数	环回地址	用作本地软件环回测试

（1）网络地址。网络地址又称网段地址。网络号不空而主机号全“0”的 IP 地址表示网络地址，即网络本身。例如：地址 210.40.13.0 表示其网络地址为 210.40.13。

（2）直接广播地址。网络号不空而主机号全“1”表示直接广播地址，表示这一网段下的所有用户。例如：210.40.13.255 就是直接广播地址，表示 210.40.13 网段下的所有用户。

（3）有限广播地址。网络号和主机号都是全“1”的 IP 地址是有限广播地址，在系统启动时，还不知道网络地址的情形下进行广播就是使用这种地址对本地物理网络进行广播。

（4）本机地址。网络号和主机号都为全“0”的 IP 地址表示本机地址。网络号全 0，表示本网络。若主机试图在网段内通信，又不知本网络号，可以发 0 地址。

（5）环回测试地址。网络号为“127”而主机号为任意的 IP 地址为环回测试地址。最常用的回送测试地址为 127.0.0.1。

4. IP 地址的管理

Internet 的 IP 地址是全局有效的，因而对 IP 地址的分配与回收等工作需要统一管理。IP 地址的最高管理机构称为“Internet 网络信息中心”，即 Internet NIC（Internet Network Information Center），它专门负责向提出 IP 地址申请的组织分配网络地址，然后，各组织再在本网络内部对其主机号进行本地分配。

在 Internet 的地址结构中，每一台主机均有唯一的 Internet 地址。全世界的网络正是通过这种唯一的 IP 地址而彼此取得联系，从而避免了网络上的地址冲突。因此，如果一个单位在组建一个网络且该网络要与 Internet 连接时，一定要向 Internet NIC 申请 Internet 合法的 IP 地址。当然，如果该网络只是一个内部网而不需要与 Internet 连接时，则可以任意使用 A 类、B 类或 C 类地址。

相关知识：私有地址（private address）属于非注册地址，专门为组织机构内部使用，避免与合法的 Internet 地址发生冲突。以下列出留用的内部寻址地址。

A 类：10.0.0.0 ~ 10.255.255.255

B 类：172.16.0.0 ~ 172.31.255.255

C 类：192.168.0.0 ~ 192.168.255.255

5.2.3 子网技术

出于对管理、性能和安全方面的考虑，许多单位把单一网络划分为多个物理网络，并使用路由器将它们连接起来。子网划分技术能够使单个网络地址横跨几个物理网络，如图 5-4 所示，这些物理网络统称为子网。

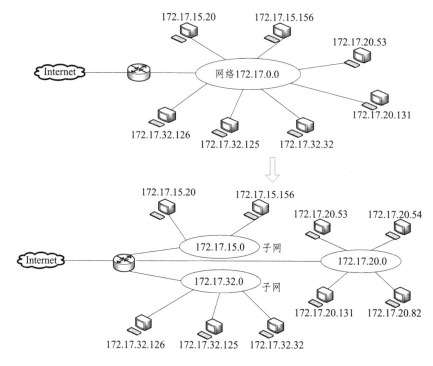

图 5-4 大型网络可划分为若干个互联子网

1. 划分子网的原因

划分子网的原因很多，主要有以下 3 个方面。

（1）充分使用地址。由于 A 类网络和 B 类网络的地址空间太大，造成在不使用路由设备的单一网络中无法使用全部地址。例如：对于一个 B 类网络"172.17.0.0"，可以有（$2^{16} - 2 = 65\,534$）台主机，这么多的主机在单一的网络下是不能工作的。因此，为了能更有效地使用地址空间，有必要把可用地址分配给多个较小的网络。

（2）划分管理职责。当一个网络被划分为多个子网后，每个子网的管理可由子网管理人员负责，使网络变得更易于控制。每个子网的用户、计算机及其子网资源可以让不同子网的管理员进行管理，减轻了由单人管理大型网络的管理职责。

（3）提高网络性能。在一个网络中，随着网络用户的增长、主机的增加，网络通信也将变得非常繁忙。而繁忙的网络通信很容易导致冲突、丢失数据包及数据包重传，因而降低主机之间的通信效率。而如果将一个大型的网络划分为若干个子网，并通过路由器将其连接起来，就可以减少网络拥塞，如图 5-5 所示。这些路由器就像一堵墙把子网隔离开，使本地的通信不会转发到其他子网中，使同一子网之间的广播和通信只能在各自的子网中进行。使用路由器的隔离作用还可以将网络分为内外两个子网，并限制外部网络用户对内部网络的访问，以提高内部子网的安全性。

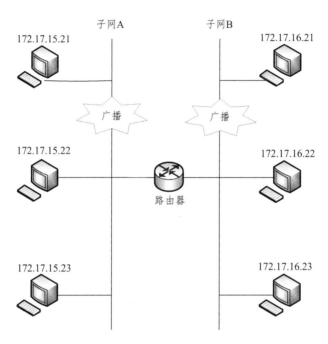

图 5-5　划分子网以提高网络性能

2．划分子网的方法

IP 地址共 32 个比特，根据对每个比特的划分，可以指出某个 IP 地址属于哪一个网络以及属于哪一台主机。因此，IP 地址实际上是一种层次型的编址方案。对于标准的 A 类、B 类和 C 类地址来说，它们只具有两层结构，即网络号和主机号。

前面已经提过，对于一个拥有 B 类地址的单位来说，必须将其进一步划分成若干较小的网络，否则是无法运行的。而这实际上就产生了中间层，形成一个 3 层的结构，即网络号、子网号和主机号。通过网络号确定一个站点；通过子网号确定一个子网；通过主机号确定与子网相连的主机地址。因此，一个 IP 数据包的路由器涉及 3 个部分：传送到站点、传送到子网、传送到主机。

子网具体的划分方法如图 5-6 所示。

为了划分子网，可以将单个网络的主机号分为两个部分：一部分用于子网号编址；另一部分用于主机号编址。

划分子网号的位数取决于具体的需要。子网所占的比特越多，可以分配给主机的位数就越少，也就是说，在一个子网中所包含的主机越少。假设一个 B 类网络 172.16.0.0，将主机号分为两部分，其中，8 bit 用于子网号，另外 8 bit 用于主机号，那么这个 B 类网络就被分为 254 个子网，每个子网可以容纳 254 台主机。

网络号	主机号	
网络号	子网号	主机号

图 5-6　子网的划分

3．子网掩码

一个 IP 网络有没有划分子网，子网号有几位，是通过子网屏蔽码来识别的。子网屏蔽码也称作子网掩码（subnet mask）。一个网络有一个子网掩码。图 5-7 给出了两个地址，其中一个是未划分子网中的主机 IP，而另一个是子网中的 IP 地址。这两个地址从外观上没有任何差别，但可以利用子网掩码区分这两个地址。

	网络号		主机号	
未划分子网的 B类地址	172	25	16	51

	网络号		网络号	主机号
划分了子网的 B类地址	172	25	16	51

图 5-7 使用和未使用子网划分的 IP 地址

子网掩码（subnet mask）也是一个"点分十进制"表示的 32 位二进制数。通过子网掩码，可以指出一个 IP 地址中的哪些位对应于网络地址（包括子网地址），哪些位对应于主机地址。对于子网掩码的取值，通常是将对应于 IP 地址中网络号和子网号的部分都设置为"1"，对应于主机号的部分都设置为"0"。标准的 A 类、B 类、C 类地址都有一个默认的子网掩码，如表 5-3 所示。

表 5-3　A、B、C 类地址默认的子网掩码

地址类型	十进制表示	子网掩码的二进制位			
A	255.0.0.0	11111111	00000000	00000000	00000000
B	255.255.0.0	11111111	11111111	00000000	00000000
C	255.255.255.0	11111111	11111111	11111111	00000000

为了识别网络地址，TCP/IP 对子网掩码和 IP 地址进行"按位与"的操作。"按位与"就是两个比特之间进行"与"运算，若两个值均为 1，则结果为 1；若其中任意一个值为 0，则

结果为 0。针对图 5-7 的例子，在图 5-8 中给出了如何使用子网掩码来识别它们之间的不同。对于标准的 B 类地址，其子网掩码为 255.255.0.0，而划分了子网的 B 类地址，其子网掩码为 255.255.255.0。经过"按位与"运算，可以将每个 IP 地址的网络地址取出，从而知道两个 IP 地址所对应的网络。

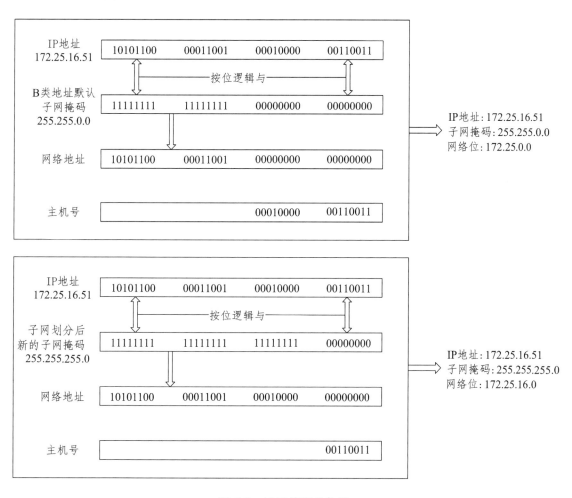

图 5-8　子网掩码的作用

　　以上例子中，使用主机号中的一个整字节用于划分子网，因此，子网掩码的取值不是 0 就是 255。在实际的子网划分中，还会使用非整字节作为子网号，即使用主机号的某几位用于子网划分。因此，子网掩码除了 0 和 255 外，还有其他数值。

　　案例分析：对于一个 B 类网络 172.25.0.0，若将第 3 个字节的前 3 位用于子网编号，而剩下的位用于主机编号，则子网掩码为 255.255.224.0。由于使用了 3 位分配子网，所以这个 B 类网络 172.25.0.0 可以划分为 6 个子网（不使用全 0 和全 1 子网号），即 172.25.32.0、172.25.64.0、172.25.96.0、172.25.128.0、172.25.160.0、172.25.192.0。它们的网络地址和主机地址范围如图 5-9 所示，每个子网有 13 位可用于主机的编号。

B类网络：172.25.0.0，使用第3字节的前3位划分子网

子网掩码 255.255.224.0	11111111	11111111	11100000	00000000

	网络地址 （网络号+子网号）	主机号的范围	每个子网的主机地址范围
子网1 172.25.32.0	10101100　00011001 001	00000　00000001 11111　11111110	172.25.32.1 ～ 172.25.63.254
子网2 172.25.64.0	10101100　00011001 010	00000　00000001 11111　11111110	172.25.64.1 ～ 172.25.95.254
子网3 172.25.96.0	10101100　00011001 011	00000　00000001 11111　11111110	172.25.96.1 ～ 172.25.127.254
子网4 172.25.128.0	10101100　00011001 100	00000　00000001 11111　11111110	172.25.128.1 ～ 172.25.159.254
子网5 172.25.160.0	10101100　00011001 101	00000　00000001 11111　11111110	172.25.160.1 ～ 172.25.191.254
子网6 172.25.192.0	10101100　00011001 110	00000　00000001 11111　11111110	172.25.192.1 ～ 172.25.223.254

图 5-9　非整字节子网掩码的使用

4. 划分子网的规则

在 RFC（Request For Comments）文档中，RFC950 规定了子网划分的规范，其中对网络地址中的子网号做了如下的规定。

（1）由于网络号全为"0"代表的是本网络，所以网络地址中的子网号不能全为"0"，子网号全为"0"时，表示的是本子网网络。

（2）由于网络号全为"1"表示的是广播地址，所以网络地址中的子网号不能全为"1"，全为"1"的地址用于向子网广播。

例如：对 B 类网络 172.16.0.0 进行子网划分，使用第 3 个字节的前 3 位划分子网，按计算可以划分为 8 个子网（即 000、001、010、011、100、101、110、111），但根据上述规则，全为"0"和全为"1"的子网号是不能分配的，因而只有 6 个子网可用。

RFC950 禁止使用子网网络号全为"0"和子网网络号全为"1"的子网网络。全 0 子网会给早期的路由器选择协议带来问题，全 1 子网与所有子网的直接广播地址冲突。虽然 Internet 的 RFC 文档规定了子网划分的原则，但在实际情况中，很多供应商的主机产品可以支持全为"0"和全为 "1"的子网。因此，当用户要使用全为"0"或全为"1"的子网时，首先要证实网络中的主机或路由器是否提供相关支持。此外，对于可变长子网划分（VLSM）和无类域间路由（CIDR），由于两者属于现代网络技术，已不再是按照传统的 A 类、B 类和 C 类地址的方式工作，因而不存在全 0 子网和全 1 子网的问题，也就是说，全 0 子网和全 1 子网都可以使用。

5. 子网划分实例

为了将网络划分为不同的子网，必须为每个子网分配一个子网号。在划分子网之前，需要确定所需要的子网数和每个子网的最大主机数，有了这些信息后，就可以定义每个子网的子网掩码、网络地址（网络号+子网号）的范围和主机号范围。划分子网的步骤如下。

（1）确定需要多少子网号来唯一标识网络上的每一个子网。

（2）确定需要多少主机号来标识每一个子网上的每一台主机。

（3）定义一个符合网络要求的子网掩码。

（4）确定标识每一个子网的网络地址。

（5）确定每一个子网所使用的主机地址范围。

案例分析：下面以一个具体的实例来说明子网划分的过程。假设要将如图 5-10（a）所示的一个 C 类网络划分为如图 5-10（b）所示的网络。

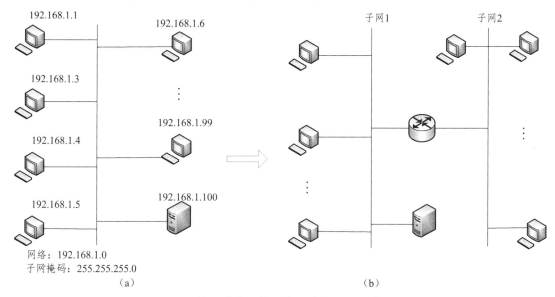

图 5-10 使用路由器将一个网络划分为两个子网

由于划分出了两个子网，且每个子网都需要一个唯一的子网号来标识，即需要两个子网号。每个子网上的主机及路由器的两个端口都需要分配一个唯一的主机号，因此，在计算需要多少主机号来标识主机时，要把所有需要 IP 地址的设备都考虑进去。根据图 5-10（a），网络中有 100 台主机，如果再考虑路由器两个端口，则需要标识的主机数为 102 个。假定每个子网的主机数各占一半，即各有 51 个。

把这个 C 类网络划分为两个子网，要从代表主机号的第 4 个字节中取出若干位用于划分子网。若取 1 位，根据子网划分规则，无法使用；若取 3 位，可以划分 6 个子网，但子网的增多使得每个子网容纳的主机数减少，6 个子网每个子网容纳的主机数为 30，而实际的要求是每个子网需要 51 个主机号；若取出两位，可以划分两个子网（即 01、10），每个子网可容纳 62 个主机号。因此，取出两位划分子网是可行的。

子网掩码为 255.255.255.192，如图 5-11 所示。

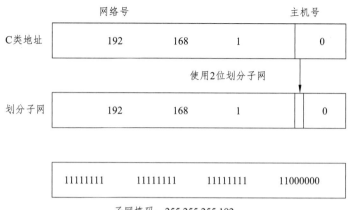

图 5-11　计算子网掩码

确定了子网掩码后，就可以确定可用的网络地址。使用子网号的位数列出所有可能的组合，由于本例中子网号的位数为 2，则可能的组合为 00、01、10、11。

根据子网划分的规则，全为 0 和全为 1 的子网不能使用，将其删去后剩下 01 和 10 就是可用的子网号，再加上这个 C 类网络原有的网络号 192.168.1，因此，划分出的两个子网的网络地址分别为 192.168.1.64 和 192.168.1.128，如图 5-12 所示。

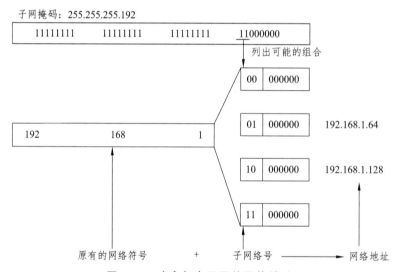

图 5-12　确定每个子网的网络地址

根据每个子网的网络地址就可以确定每个子网的主机地址的范围，如图 5-13 所示。

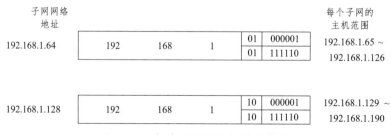

图 5-13　每个子网的主机地址范围

对每个子网各台主机的地址配置如图 5-14 所示。

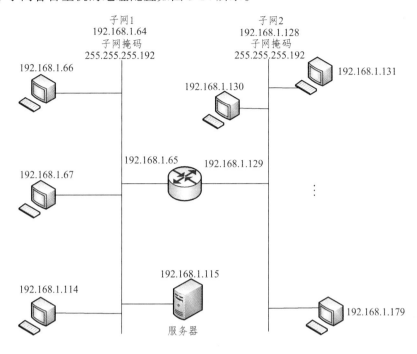

图 5-14　每个子网中每台主机的地址分配

6. 可变长子网划分

子网掩码的表示方法有两种：一是"点分十进制"法；二是网络前缀标记法。网络前缀标记法是一种表示子网掩码中网络地址长度的方法。由于网络号是从 IP 地址高字节以连续方式选取的，即从左到右连续地取若干位作为网络号，如 A 类地址取前 8 位作为网络号，B 类地址取前 16 位，C 类地址取前 24 位。因此，可用一种简便方法来表示子网掩码中对应的网络地址位数，用网络前缀表示为"IP 地址/网络号的位数"，它定义了网络号的位数。用网络前缀标记法表示的 A 类、B 类和 C 类地址默认的子网掩码如表 5-4 所示。

表 5-4　子网掩码的网络地址长度表示方法

地址类	子网掩码位	网络前缀
A 类	11111111 00000000 00000000 00000000	/8
B 类	11111111 11111111 00000000 00000000	/16
C 类	11111111 11111111 11111111 00000000	/24

一个子网掩码为 255.255.0.0 的 B 类网络地址 172.16.0.0，用网络前缀标记法可以表示为 172.16.0.0/16。若对这个 B 类网络进行子网划分，使用主机号中的前 8 位用于子网编号，网络号和子网号共计 24 位，因此，该网络地址的子网掩码为 255.255.255.0，使用网络前缀法表示时，子网 172.16.5.0 可表示为 172.16.5.0/24。

以上子网划分是把某一类网络进一步划分为几个规模相同的子网，即每个子网包含相同的主机数。例如：对于一个 B 类网络，使用主机号中的 4 位（0000～1111）用于子网划分，则可以产生 16 个规模相等的子网（考虑了全 0 和全 1 子网）。但是，子网划分是一种通用的用主机位来表示子网的方法，不一定要求子网的规模相等。在实际应用中，一个网络中可能需要有不同规模的子网。例如：一个单位中的各个网络包含不同数量的主机，需要创建不同规模的子网，以避免造成对 IP 地址的浪费。不同规模的子网网络号的划分称为变长子网划分，需要使用相应的变长子网掩码（VLSM）技术。

变长子网划分，是一种用不同长度的子网掩码来分配子网网络号的技术，所有的子网掩码都是唯一的，并能通过对应子网掩码进行区分。对于变长子网的划分，实际上是对已划分好的子网做进一步划分，从而形成不同规模的网络。

例如：一个 B 类网络为 172.16.0.0，需要的配置是 1 个能容纳 32 000 台主机的子网，15 个能容纳 2000 台主机的子网和 8 个能容纳 254 台主机的子网。

1）1 个能容纳 32 000 台主机的子网

用主机号中的 1 位（第 3 字节的最高位）进行子网划分，产生 2 个子网，即 172.16.0.0/17 和 172.16.128.0/17。这种子网划分允许每个子网有多达 32 766 台主机（即 $2^{15} - 2$）。选择 172.16.0.0/17 作为网络号，能满足 1 个子网容纳 32 000 台主机的需求。表 5-5 给出了能容纳 32 766 台主机的 1 个子网。

表 5-5　划分后的 1 个子网

子网编号	子网网络（点分十进制）	子网掩码	子网网络（网络前缀）
1	172.16.0.0	255.255.128.0	172.16.0.0/17

2）15 个能容纳 2000 台主机的子网

若要满足 15 个子网容纳大约 2000 台主机的需求，在第 1 步的基础上再使用主机号中的 4 位用于表示子网网络，即用 172.16.128.0/17（第 1 步中所划分的第 2 个子网）进行子网划分，就可以划分出 16 个子网，即 172.16.128.0/21、172.16.136.0/21…172.16.240.0/21、172.16.248.0/21，从这 16 个子网中选择子网网络就可以满足需求。表 5-6 给出了能容纳 2000 台主机的 15 个子网。

表 5-6　划分后的 15 个子网

子网编号	子网网络（点分十进制）	子网掩码	子网网络（网络前缀）
1	172.16.128.0	255.255.248.0	172.16.128.0/21
2	172.16.136.0	255.255.248.0	172.16.136.0/21
3	172.16.144.0	255.255.248.0	172.16.144.0/21
…	…	…	…
14	172.16.232.0	255.255.248.0	172.16.232.0/21
15	172.16.240.0	255.255.248.0	172.16.240.0/21

3）8 个能容纳 254 台主机的子网

为了满足 8 个子网容纳 254 台主机的需求，在第 2 步的基础上再用主机号中的 3 位用于表示子网网络。即用 172.16.248.0/21（第 2 步中所划分的第 16 个子网）进行划分，可以产生 8 个子网。每个子网的网络地址为 172.16.248.0/24、172.16.249.0/24、172.16.250.0/24、172.16.251.0/24、172.16.252.0/24、172.16.253.0/24、172.16.254.0/24、172.16.255.0/24。每个子网可以包含 254 台主机。表 5-7 给出了能容纳 254 台主机的 8 个子网。

表 5-7　划分后的 8 个子网

子网编号	子网网络（点分十进制）	子网掩码	子网网络（网络前缀）
1	172.16.248.0	255.255.255.0	172.16.248.0/24
2	172.16.249.0	255.255.255.0	172.16.249.0/24
3	172.16.250.0	255.255.255.0	172.16.250.0/24
…	…	…	…
7	172.16.254.0	255.255.255.0	172.16.254.0/24
8	172.16.255.0	255.255.255.0	172.16.255.0/24

7. 超网和无类域间路由

目前，在 Internet 上使用的 IP 地址是在 1978 年确立的协议，它由 4 段 8 位二进制数字组成。由于当时的 Internet 协议当时的版本号为 4，因而称为"IPv4"。尽管这个协议在理论上有大约 43 亿个 IP 地址，但是，并不是所有的地址都得到充分的利用，部分原因在于 Internet 信息中心（Internet NIC）把 IP 地址分配给许多机构时，A 类和 B 类地址所包含的主机数太多。一个 B 类网络 172.16.0.0 在该网络中所包含的主机数可以达到 65 534 个，这么多地址显然没有被充分利用。而在一个 C 类网络中只能容纳 254 台主机，而对于拥有上千台主机的单位来说，获得一个 C 类网络地址然是不够的。

此外，由于 Internet 的迅猛扩展，主机数量急剧增加。目前尚未使用的 IP 地址正以非常快的速度被耗尽，B 类网络被很快分配完。为了解决 IP 地址资源严重不足的问题，Internet NIC 设计了一种新的网络分配方法。与分配一个 B 类网络不同，Internet NIC 给一个单位分配一个 C 类网络的范围（即多个 C 类网络），该范围能容纳足够的网络和主机，这种划分方法实质上是将若干个 C 类网络合并成一个网络，合并后的网络就称为超网。例如：假设一个单位拥有 2000 台主机，那么 Internet NIC 并不是给它分配一个 B 类网络，而是分配 8 个 C 类网络。每个 C 类网络可以容纳 254 台主机，总共为 2032 台主机。

虽然这种方法有助于节约 B 类网络，但它也导致了新的问题。采用通常的路由选择技术，在 Internet 上的每个路由器的路由表中必须有 8 个 C 类网络表项才能把 IP 包路由到该单位，为防止 Internet 路由器被过多的路由淹没，采用了一种称为无类域间路由（CIDR）的技术把多个网络表项缩成一个表项。因此，使用了 CIDR 后，在路由表中只用一个路由表项就可以表示分配给该单位的所有 C 类网络。在概念上，它可以用一个超网子网掩码来表示相同的信息，而且用网络前缀法来表示。

对于超网子网掩码的计算可以用一个实例来说明。例如：要表示以网络 211.98.168.0 开始的连续 8 个 C 类网络地址，则如表 5-8 所示。

表 5-8   8 个 C 类网络地址

C 类网络地址	二进制数
211.98.168.0	11010011.01100010.10101000.00000000
211.98.169.0	11010011.01100010.10101001.00000000
211.98.170.0	11010011.01100010.10101010.00000000
211.98.171.0	11010011.01100010.10101011.00000000
211.98.172.0	11010011.01100010.10101100.00000000
211.98.173.0	11010011.01100010.10101101.00000000
211.98.174.0	11010011.01100010.10101110.00000000
211.98.175.0	11010011.01100010.10101111.00000000

所有 8 个 C 类网络的前 21 位都是相同的，第 3 个字节中的最后 3 位从 000 变到 111。因此，超网的子网掩码可以用 255.255.248.0 表示，二进制数为"11111111.11111111.11111000 00000000"。若用网络前缀表示法来表示，可表示为 211.98.168.0/21。

5.2.4   网际控制报文协议

IP 协议中报文分组通过路由器经过路由选择一步一步地送到目的主机。但如果一个数据报到达某个路由器后，该路由器不能为它选择路由（如路由表故障），或者不能递交数据报（如目的节点没有开机），或者该路由器检测到某种不正常状态（如网关超负荷，到达的数据报太多来不及处理），那么它就有必要将这些信息通知主机，让主机采取措施避免或者纠正这类问题。由于 IP 是无连接的，且不进行差错检验，当网络上发生错误时不能检测错误。网际控制报文协议（Internet Control Message Protocol，ICMP）作为 IP 协议的补充，为 IP 协议提供差错报告，运行于 IP 协议之上。它通常被认为是 IP 协议的一部分，用于传送这方面的控制信息或差错信息。因为这些信息可能需要穿过几个物理网络才能到达它们的最终报宿，只靠物理层传递是不能实现的，所以需要将它们封装在 IP 数据报中才能进行传递。这时被封装在 IP 数据报中的 ICMP 报文不能看作是高层协议，而只是 IP 需要的一部分。显然载有 ICMP 报文的 IP 数据报也有可能产生错误。为此规定：载送 ICMP 报文的数据报若出现差错，不产生 ICMP 报文，否则就要引起递归了。

ICMP 能够报告的一些普通错误类型有：目标无法到达、阻塞、回波请求、回波应答等。ICMP 报文大体可以分为两种类型，即差错报文和查询报文，如表 5-9 所示。

表 5-9   ICMP 报文分类

大类	种类
差错报文	信宿不可达报告
	数据报超时报告
	数据报参数错报告

大类	种类
差错报文	源站抑制报告
	重定向报告
查询报文	请求与应答报告
	回应请求与应答报告
	地址掩码请求与应答报告
	路由器询问与通告

ICMP 报文格式如图 5-15 所示。

IP 头部（20 字节）		
类型	代码	检验和
数据区		

图 5-15　ICMP 报文的格式

类型字段的长度是 1 字节，用于定义报文类型。

代码字段的长度是 1 字节，标识发送这个特定报文类型的原因。

校验和字段的长度是 2 字节，用于数据报传输过程中的差错控制。

其余部分因不同报文类型而不同。

数据字段因不同报文类型而不同，提供了 ICMP 差错和状态报告信息。

各种 ICMP 报文的前 32 bit 都一样，它们是：

（1）8 bit 类型字段和 8 bit 代码字段，两者一起决定了 ICMP 报文的类型。常见的有：

① 类型 8、代码 0：回声请求；

② 类型 0、代码 0：回声应答；

③ 类型 11、代码 0：超时。

（2）16 bit 校验和字段：包括数据在内的整个 ICMP 数据包的校验和，其计算方法和 IP 头部校验和的计算方法是一样的。

ICMP 最典型的一个应用就是分组网间探测 PING（Packet InterNet Groper）。许多操作系统都提供了 PING 命令，用来检查路由是否能够到达某站点，也用来测试一帧数据从一台主机传输到另一台主机所需的时间，从而判断网络和主机的响应时间。PING 命令就是利用 ICMP 回声请求报文和回声应答报文来测试目标系统是否可达。

ICMP 回声请求和 ICMP 回声应答报文是配合工作的。当源主机向目的主机发送了 ICMP 回声请求数据包后，它期待着目的主机的回答。目的主机在收到一个 ICMP 回声请求数据包后，会交换源、目的主机的地址，然后将收到的 ICMP 回声请求数据包中的数据部分原封不动地封装在自己的 ICMP 回声应答数据包中，再发回给发送 ICMP 回声请求的一方。如果校验正确，发送者便认为目的主机的回声服务正常，即物理连接畅通。

ICMP 协议对于网络安全具有极其重要的意义。ICMP 协议本身的特点决定了它非常容易被用于攻击网络上的路由器和主机。

5.2.5　网际主机组管理协议

主机组管理协议（Internet Group Management Protocol，IGMP）用于多播路由器和主机之间进行群组关系的管理，其运行于主机和与主机直接相连的多播路由器之间。IP 协议只是负责网络中点到点的数据包传输，而点到多点的数据包传输则要依靠网际来完成。它主要负责报告主机组之间的关系，以便相关的设备（路由器）可支持多播发送。主机通过此协议告诉本地路由器希望加入某个特定多播组，同时路由器通过此协议周期性地查询局域网内某个已知组的成员是否处于活动状态（即该局域网是否仍有属于某个多播组的成员），进行所连网络组成员关系的收集与维护。

相关知识：IGMP 有 3 种版本。IGMP v1、IGMP v2 和 IGMP v3。

IGMPv1：主机可以加入组播组，没有离开信息（leave messages）。路由器使用基于超时的机制去发现其成员不关注的组。

IGMPv2：该协议包含了离开信息，允许迅速向路由协议报告组成员终止情况。这对高带宽组播组或易变型组播组成员而言是非常重要的。

IGMPv3：与以上两种协议相比，该协议的主要改动为允许主机指定它要接收通信流量的主机对象。来自网络中其他主机的流量是被隔离的。IGMPv3 也支持主机阻止那些来自非要求的主机发送的网络数据包。

5.2.6　地址解析协议

在互联网络中，每个节点分配有一个 32 bit 的 IP 地址。通过这个 IP 地址在节点之间收发报文分组。使用 IP 地址，整个网络表面就像是单个的虚拟网络，但信息是通过真正的物理网络来传递的。而在物理网络上，两台机器只有彼此知道物理地址时才能进行通信。因此，使用 IP 地址通信最终还是要把 IP 地址转换成物理地址。当然这项工作对用户来讲是透明的。

IP 地址到物理地址的变换是通过地址转换协议（Address Resolution Protocol，ARP）来实现的。当一个节点用 IP 地址发送一个报文分组时，它首先要决定这个 IP 地址代表的节点的物理地址。为此，这个节点首先向全网广播一个包含有目的节点 IP 地址和本节点物理地址的 ARP 分组。该 ARP 分组用于寻找 IP 地址对应的节点。当符合 ARP 分组中 IP 地址的节点收到 ARP 分组后，即将自己的物理地址送回发出 ARP 分组的节点，于是目的节点的物理地址也就确定了。若目的节点在别的网络中，则由网络间的路由器来做上述响应。值得注意的是，ARP 只适用于具有广播功能的网络，不适用于点到点网络。

5.2.7　反向地址解析协议

主机节点的 IP 地址与硬件无关，因此一般保存在磁盘中。机器启动后即从磁盘中取出 IP 地址，然后与别的主机进行通信。但如果这个节点是一个无盘工作站，无处保存自己的 IP 地址，就要依靠无盘工作站的物理地址了。因为无盘工作站知道自己的物理地址，因此可以广播一个报文分组给本地的文件服务器，让文件服务器告诉它的 IP 地址。这就是由物理地址 IP 地址的转换。描述该转换的协议是反向地址解析协议（Reverse Address Resolution Protocol，RARP）。例如：无盘工作站在启动时可发送广播请求，希望获得自己的 IP 地址信息，而 RARP 服务器则响应 IP 请求消息，为无盘工作站分配一个未用的 IP 地址（通过发送 RARP 应答包）。目前，反向 ARP（RARP）在很大程度上已被 BOOTP、DHCP 所替代，后面这两种协议除了可以提供除 IP 地址外，还可以提供其他更多的信息，如默认网关、DNS 服务器的 IP 地址等。

5.2.8　IPv6

IP 协议是 Internet 的关键协议。IPv6 是下一代 IP 协议，相对于 IPv6 来说现在使用的 IP 协议是 IPv4。IPv4 是在 20 世纪 70 年代设计的，无论从计算机本身的发展还是从 Internet 的规模和网络传输速率来看，IPv4 已很不适用了。这里最主要的问题就是 32 bit 的 IP 地址不够用。为此，IETF 在 1992 年 6 月提出要制定下一代的 IP，现正式称为 IPv6。1995 年以后，陆续公布了一系列有关 IPv6 的协议、编址方法、路由选择以及安全等问题的 RFC 文档。IPv6 主要的特点是把地址长度扩大到 128 位，以能够支持更多的网络节点；简化了首部，减少了路由器处理首部所需要的时间，提高了网络的速度。IPv6 还对服务质量（QoS）作了定义，并且提供了比 IPv4 更好的安全性保证。这些都是对 IPv4 的重大改进。虽然 IPv6 具有许多良好的性能，但是把 IPv4 升级为 IPv6 可能还需要经过一个长时间的过渡过程，需要制定一些相应的策略，这样才能保证现有的网络应用不受任何影响。应当指出，换一个新版的 IP 并非易事。世界上许多团体都从 Internet 的发展中看到了经济机遇，因此在新标准的制定过程中产生了激烈的争论。

IPv6 仍支持无连接的传送，但将协议数据单元（PDU）称为分组，而不是 IPv4 的数据报。为方便起见，本节仍采用数据报这一名词。

IPv6 所引进的主要变化如下。

（1）更大的地址空间。IPv6 把地址增大到了 128 bit，IP 地址可以充分满足数字化生活的需要，不再需要地址的转换。

（2）灵活的首部格式。IPv6 用一种全新的数据报格式，且允许与 IPv4 在若干年内共存。它使用一系列固定格式的扩展首部取代了 IPv4 中可变长度的选项字段。

（3）简化了协议，加快了分组的转发。例如：取消了首部检验和字段，分段只在源站点进行。

（4）允许对网络资源的预分配，支持实时视频流等要求，保证一定的带宽和时延的应用。

（5）允许协议继续演变和增加新的功能，使之适应未来技术的发展。

5.3 Internet 传输层协议

5.3.1 传输控制协议

TCP 是传输层的一种面向连接的通信协议，它向高层提供了面向连接的可靠报文段的传输服务。该服务是建立在 IP 所提供的不可靠报文分组传输服务的基础上的。可靠性的问题由 TCP 解决。每当发送数据段之前，TCP 都必须保证先建立可靠的连接，然后通过确认重发和窗口机制等对传输的数据段进行有效控制，以达到高可靠性的目的。TCP 层的数据单元称为段，段不定长，TCP 以一种字节流的方式传输数据段。所谓字节流，就是一个字节、一个字节地按照字节序号传输。此外，TCP 还要完成流量控制和差错检验的任务，以保证可靠的数据传输。

1. 端口

在端到端协议中，传输层实现主机应用进程间的通信，往往有多个应用进程需要传输层提供服务，首先需要解决的就是如何识别通信双方不同的应用进程。在 TCP/IP 中，用端口号识别不同的应用进程。为每一端口分配一个端口号，它是应用进程的唯一标识，TCP 和 UDP 中规定端口采用 16 bit 二进制数表示，因此一台主机同时可使用 2^{16} 个端口号，UDP 和 TCP 分别使用各自独立的端口号，互相没有关联。对一些常用的应用层服务，都有一个固定的端口号与之对应，这种端口号通常称为熟知端口（well known port），端口号为 0～255，如 21 为 FTP 服务端口，23 为 TELNET 服务端口，25 为 SMTP 服务端口，80 为 HTTP 端口，110 为 POP3 端口，53 为 DNS 端口，69 为 TFTP 端口等。其他由用户应用程序申请的端口称自动端口，端口数可以达到 65 536 个。

不同的主机如果申请到了同一个应用服务端口号，为了在通信时不致发生混乱，就必须把端口号和主机的地址结合在一起使用。如图 5-16 所示，主机 A 和 B 的端口号都是 400，作为 TCP 中的端口，要与主机 C 端口 21 建立连接，以便访问 FTP 系统。虽然端口号相同，但是它们具有不同的 IP 地址，因此完全可以区分是哪个主机的通信报文。在 TCP/IP 中把 32 位的 IP 地址和一个 16 位的端口号连接在一起构成一个套接字（socket）。图 5-16 中的（10.0.0.2，400）、（20.0.0.2，400）和（30.0.0.2，21）是不同的套接字，一对套接字唯一确定了一个 TCP

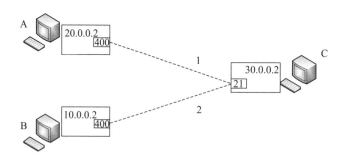

图 5-16 主机 A 和 B 与主机 C 的 FTP 连接

连接的两个端点。如图 5-16 所示，连接 1 的一对套接字是（10.0.0.2，400）和（30.0.0.2，21），连接 2 的一对套接字是（20.0.0.2，400）和（30.0.0.2，21）。也就是说，TCP 连接的端点是套接字而不是 IP 地址。

2. TCP 的主要机制

1）编号、确认与重发

传输中常采用编号来保证信息的前后顺序。TCP 将所要传送的整个数据（传输时可能分成了许多个报文段）看成是一个个字节组成的数据流，然后对每一个字节编一个序号。在连接建立时，双方要商定初始序号。TCP 将每一次所传送的报文段中的第一个数据字节的序号，放在 TCP 首部的序号字段中。

TCP 的确认是对接收到的数据的最高序号（即收到的数据流中的最后一个序号）表示确认。但返回的确认序号是已收到的数据的最高序号加 1。也就是说，确认序号表示期望下次收到的第一个数据字节的序号。

由于 TCP 能提供全双工通信，因此通信中的每一方都不必专门发送确认报文段，而可以在传送数据时顺便把确认信息捎带传送。

发送方在规定的设置时间内收到了确认信息才能发送下一个数据段，若未收到确认信息，就必须重发。接收方收到有差错的报文段则将其丢弃，而不发送否认信息，发送方在规定时间内收不到确认，也要重新发送。接收方若收到重复的报文，也要将其丢弃，但要发回确认信息。就这样，TCP 通过确认与重传机制完成数据段的可靠传输。

2）拥塞控制

TCP 采用滑动窗口机制实施拥塞控制。拥塞发生时，路由器将抛弃数据。所谓窗口可以理解为发送与接收方设置的缓冲区，缓冲区的大小决定了窗口的大小。双方在进行连接时的协商参数就包括了窗口参数。但在通信的过程中，接收端可根据自己的资源情况，随时动态地调整自己的接收窗口，然后告诉对方，使对方的发送窗口和自己的接收窗口一致。这种由接收端控制发送端的做法，在计算机网络中经常使用。

TCP 通过 ICMP 源抑制报文和报文丢失的现象了解网络发生拥塞。为迅速抑制拥塞，TCP 采取以几何级数迅速减小拥塞窗口的方式，同时加大重传定时时间，直至拥塞结束。然后再按算术级数不断增大拥塞窗口，直至恢复到原来的传输速率。

3）传输连接的管理

TCP 传输数据的过程与面向连接的传输过程相似，分为 3 个阶段，即连接的建立、释放和数据传输。应用进程与 TCP 层通过交互，在 TCP 层完成 TCP 传输服务过程。为保证可靠的 TCP 连接，采用了所谓 3 次握手的方法，连接的释放过程也有类似的方法。在连接过程中，TCP 解决了连接应用进程端点标识问题，即端口问题。在连接过程中，通过交互给出一定的协商参数。TCP 在数据传输时，采用全双工的方式，TCP 层对应用层的应用进程还可以提供多路复用及分用的功能。

3．TCP 的报文格式

TCP 定义的报文分为首部和数据区两部分，首部长度可变，用"数据偏移"字段指示首部长度。TCP 报文格式如图 5-17 所示。

图 5-17 TCP 报文格式

首部的前 20 个字节是固定的，后面有 4X 个字节是可有可无的选项（X 为整数）。因此，TCP 首部的最小长度是 20 字节。

首部固定部分各字段的意义如下。

（1）信源端口：占 2 字节，发送端口号，标识了发送方的应用进程。

（2）信宿端口：占 2 字节，接收端口号，标识了接收方的应用进程。

（3）发送序号：占 4 字节，TCP 连接中传送的数据流中的每一个字节都编上一个序号。序号字段的值为本报文段所发送的数据的第一个字节的序号。

（4）确认序号：占 4 字节，是期望收到对方的下一个报文段的数据的第一个字节的序号。

（5）数据偏移：占 4 位，指出以 32 位为单位的首部长度。

（6）保留：占 6 位，留作今后用，目前应设置为 0。

（7）选项：长度可变，目前只规定了"最大报文段长度"选项。

（8）窗口：占 2 字节，指接收窗口的大小，单位为字节。码位共有 6 位，格式如图 5-18 所示。

图 5-18 码位字段

（a）紧急比特 URG：当 URG=1 时，表明此报文段应尽快传送而不必排队，此时要与首部中的紧急指针字段配合使用，紧急指针指出在本报文段中的紧急数据的最后一个字节序号。

（b）确认比特 ACK：只有当 ACK=1 时确认序号字段才有意义。

（c）急迫比特 PSH：当 PSH=1 时，表明请求远地 TCP 将报文段立即传送给其应用层，而不必等待在一段里收集较多字节的数据。

（d）重建比特 RST：当 RST=1 时，表明出现严重错误，必须释放连接，然后再重新进行传输连接。

（e）同步比特 SYN：当 SYN=1、ACK=0 时，表明这是一个连接请求报文段。若 SYN=1、ACK=1，表明这是一个连接确认报文段。

（f）终止比特 FIN：当 FIN=1 时，表明报文字段发送完毕，要求释放连接。

5.3.2　用户数据报协议

用户数据报协议（UDP）是一种面向无连接的协议，因此，它不能提供可靠的数据传输。而且，UDP 不进行差错检验，必须由应用层的应用程序来实现可靠性机制和差错控制，以保证端到端数据传输的正确性。虽然 UDP 与 TCP 相比显得非常不可靠，但在一些特定的环境下还是非常有优势的。例如：要发送的信息较短，不值得在主机之间建立一次连接。另外，面向连接的通信通常只能在两个主机之间进行，若要实现多个主机之间的一对多或多对多的数据传输（即广播或多播），就需要使用 UDP。

由于 UDP 是一种无连接的传输服务，所以非常简单，只是在 IP 数据报的基础上增加了一点端口的功能。UDP 除数据报文中的"校验和"功能外，没有连接，没有确认，未提供检测手段。UDP 的真正意义在于高效率，UDP 数据传输因为不需要烦琐的连接、确认过程，所以可以得到非常高的传输效率。在高质量的物理网络（如局域网）条件下，在信息量较小、交互传输的应用中 UDP 是一种相当不错的传输协议。在 TCP/IP 中，如 FTP、DNS 等许多应用服务都使用 UDP。UDP 数据报文包括首部和数据字段两部分，封装在 IP 数据报中传输，图 5-19 所示为 UDP 报文格式。

图 5-19　UDP 报文格式

信源端口和信宿端口就是信源与信宿的端口号，各占两个字节。UDP 校验和字段用于防止 UDP 数据报在传输中出错。与 IP 数据报不同，UDP 校验和既校验首部，又校验数据，但 UDP 校验和是一个可选字段，对效率要求较高的应用程序可以不选此字段。长度字段用于指示 UDP 数据报的长度。UDP 校验和与长度字段各占 2 字节。

5.4　Internet 的服务和应用

在 TCP/IP 模型中，应用层包括了所有的高层协议，而且总是不断有新的协议加入。本节主要介绍用于 Internet 中客户机与 WWW 服务器之间的数据传输超文本传输协议（HTTP）、远程访问主机协议（Telnet）、远程文件传输协议（FTP）、电子邮件的发送与接收协议、域名解析（DNS）协议、动态主机地址分配（DHCP）协议。

5.4.1　WWW

WWW （World Wide Web）的简称是 Web，也称为"万维网"，是一个在 Internet 上运行

的全球性的分布式系统。WWW 是目前 Internet 上最方便和最受用户欢迎的信息服务系统，它的影响力已远远超出了专业技术范畴，并且已经进入广告、新闻、销售、电子商务与信息服务等各个行业。WWW 通过 Internet 向用户提供基于超媒体的数据信息服务。它把文本、图像、声音和视频等信息有机地结合起来，供用户使用。WWW 促进了 Internet 的普及和发展。

1. 超文本与超链接

对于文字信息的组织，通常采用有序的排列方法，如一本书，读者一般是从书的第一页到最后一页顺序地查阅他所需要了解的知识。随着计算机技术的发展，人们不断推出新的信息组织方式，以方便对各种信息的访问，超文本就是其中之一。所谓"超文本"就是指它的信息组织形式不是简单地按顺序排列，而是用由指针链接的复杂的网状交叉索引方式，对不同来源的信息加以链接，可以链接的有文本、图像、动画、声音或影像等，这种链接关系则称为"超链接"。

2. 主页

主页（homepage）通常是用户使用 WWW 浏览器访问 Internet 上的任何 WWW 服务器所看到的第一个页面。主页通常是用来对运行 WWW 服务器的单位进行全面介绍；同时它也是人们通过 Internet 了解一个学校、公司和政府部门等的重要手段。WWW 在商业上的重要作用就体现在这里，人们可以使用 WWW 介绍一个公司的概况、展示公司新产品的图片、介绍新产品的特性，或利用它来公开发行免费的软件等。

3. 超文本传输协议

由于 WWW 支持各种数据文件，当用户使用各种不同的程序来访问这些数据时，就会变得非常复杂。此外，对于用户的访问，还要求具有高效性和安全性。因此，在 WWW 系统中，需要有一系列的协议和标准来完成复杂的任务，这些协议和标准就称为 Web 协议集，其中一个最重要的协议就是超文本传输协议（HTTP）。

HTTP 负责用户与服务器之间的超文本数据传输。HTTP 是 TCP/IP 协议集中的应用层协议，建立在 TCP 之上，它面向对象的特点和丰富的操作功能，能满足分布式系统和多种类型信息处理的要求。HTTP 会话过程包括 4 个步骤。

（1）使用浏览器的客户机与服务器建立连接。

（2）客户机向服务器提交请求，在请求中指明所要求的特定文件。

（3）如果请求被接受，那么服务器便发回一个应答。在应答中至少应当包括状态编号和该文件内容。

（4）客户机与服务器断开连接。

4. 统一资源定位器

统一资源定位器（URL）是一种标准化的命名方法，它提供一种 WWW 页面地址的寻找方式。对于用户来说，URL 是一种统一格式的 Internet 信息资源地址表达方法，它将 Internet

提供的各种服务统一编制。我们也可以把 URL 理解为网络信息资源定义的名称，它是计算机系统文件名概念在网络环境下的扩充。用这种方式标识信息资源时，不仅要指明信息文件所在的目录和文件名本身，而且要指明它在网络上的哪台主机上，以及可以通过何种方式访问它，在必要时甚至还要说明它具有的比普通文件对象更为复杂的属性。例如，它可能深藏于某个数据库系统内部，只有使用数据库查询语句才能获取信息等。URL 由 3 部分构成，即"信息服务方式：//信息资源的地址/资源路径"。

5.4.2　DNS

1.　域名结构及其命名规则

在 TCP/IP 协议集中，IP 地址是网络中主机的唯一标识。TCP/IP 网络上的计算机都是通过 IP 地址进行识别并通信的。虽然用 IP 地址对数据报标识源和目标很有效，但用户总希望用易于记忆的有意义的符号名字来标识互联网上的每个主机。为了达到这一目的，引入了主机名。用一个有意义的名字来指明互联网上的主机，并提供一个组织名字的命名系统来管理名字到 IP 地址的映射，这样用户就可以使用有意义的名字。

TCP/IP 网络的命名系统分线性和分级两种。线性命名方法比较简单，主机名由一个字符串组成且一般由主机自己管理。TCP/IP 网络上每台主机都有一个文件（如 Hosts 文件），Hosts 文件中的数据是名字与 IP 地址的对应关系。主机通过查找 Hosts 文件的记录数据获得通信目的主机的地址。但 Hosts 文件存在着很多缺陷：一是因为名字空间是平面的，主机不能重名；二是随着主机数的增加文件规模越来越大，解析效率也越来越低，使用这种方式的每台主机都要从一个固定位置下载这个文件，造成占用网络带宽的问题。另外，Hosts 文件不易维护和更新。但是这种方法对主机不太多的互联网是比较有效的。Windows TCP/IP 系统仍然保留了这种解析方式。随着互联网上主机数目的增加，维护这些文件的负担将变得越来越重，于是采用分级管理的方法。

分级命名系统又称为域名系统（Domain Name System，DNS），采用 DNS 协议。与线性命名方法不同，它不要求每台主机都维护一个主机表文件，而是把互联网上的一台或几台主机选作名字服务器，由名字服务器将符号名字转换成对应的 IP 地址。域名系统在结构上类似于操作系统中的文件系统。具体来说，首先，名字空间按树型的层次结构进行划分，每一个划分称为"域"，最高层对应树的根结点，为顶级域，下面依次为二级域、三级域……其次，每一级有相应的管理机构，被授权管理下一级子域的域名，顶级域名由 Internet 中心管理机构管理，每一级负责其管理域名的唯一性，这样就保证了所有域名的唯一性，主机则组织在域或子域之中；另外，DNS 还规定了这种层次域名的语法结构，即一个完整域名由各级域名按低级到高级从左到右排列，中间用"."分隔，如"主机名.本地子域名.根域名"的形式。每一级域名长度不超过 63 个字符，总长度不超过 255 个字符。

同一个主机可以有多个 IP 地址，一个主机也可以拥有多个域名。实际上，多个域名可以被映射到同一个 IP 地址。与 IP 地址相同，域名与主机的物理位置无关，而且单从域名也判断不出它代表的是一台主机还是一个网络。

域名树的结构有两种基本构成方式：一种是按组织机构，称之为机构域；另一种是按地理位置，称之为地区域。只有顶级域名是严格规定的。下级域名由各授权机构自行规定，可以按机构，也可以按地区，或两者的混合。由于美国是 Internet 的发源地，因此美国的顶级域名是以组织模式划分的。对于其他国家，它们的顶级域名是以地理模式划分的，每个申请接入 Internet 的国家都以一个顶级域名出现。例如，cn 代表中国，jp 代表日本，fr 代表法国，uk 代表英国，ca 代表加拿大，au 代表澳大利亚等，如表 5-10 所示。

表 5-10　顶级域名分配

顶 级 域 名	域 名 类 型
com	商业组织
edu	教育机构
gov	政府部门
int	国际组织
mil	军事部门
net	网络支持中心
org	各种非营利性组织
国家代码	各个国家

所有的域形成一个树形结构称为域树，根域和顶级域名由 Internet 的管理组织进行管理，二级域由顶级域的组织进行管理，二级以下的子域由各企业、大学等部门自行管理。

相关知识：当书写域名时，顶级域在最右侧，主机名在最左侧，其余的在两者之间。例如：www.sina.com.cn。其中，cn 是顶级域名，com 是商业域名，sina 是公司域名，www 是公司的主机名。

2. 域名解析

1）域名服务器

由于 Internet 用户发送和接收数据必须使用 IP 地址进行路由选择，因此必须将标识主机的域名转换为 IP 地址，这个转换过程称为域名解析。域名解析包括正向解析（域名到 IP 地址）和反向解析（IP 地址到域名）。域名解析是依靠一系列域名服务器完成的，这些域名服务器构成了域名系统 DNS。实际上整个域名系统可以看成一个庞大的分布式联机数据库，终端用户与域名服务器之间、域名服务器之间都采用客户机/服务器方式工作。

域名服务器与域名系统的层次结构是相关的，但并不完全对等。每一个域名服务器的本地数据库存储一部分主机域名到 IP 地址的映射，同时保存到其他域名服务器的链接。最高层域名服务器是一个根服务器，它管理到各个顶级域名服务器的链接。例如：中国教育科研网 edu.cn 的域名服务器管理所有后缀为 edu.cn 的域名到 IP 地址的映射，同时也保存到上一层（.cn）域名服务器和下一层各大学（hit.edu.cn， hrbeu.edu.cn 等）域名服务器的链接。一般比较小的网络可以将它下辖所有主机域名到 IP 地址的映射放在一个域名服务器上，大一些的网络则可以采用几个域名服务器来进行域名管理。

总之，通过某一后缀的域名服务器一定能够找到所有具有这个后缀的域名到其 IP 地址的映射。需要注意的是，域名服务器可以置于网络的任意位置，这与域名系统的逻辑结构无关。

2）域名解析的过程

一个用户主机至少应知道一台域名服务器的 IP 地址。当用户需要查询某域名的 IP 地址时，就调用一个称为解析器的系统调用，许多操作系统都提供这种解析器软件。解析器将用户指定的域名字符串作为参数放在一个 DNS 客户请求报文中，并使用 UDP 发送给已知的域名服务器，然后等待域名服务器的回答。域名服务器接收到请求报文后，首先查找本地的数据库，如果找到就向客户主机发回查找结果。如果待查域名不属于该域名服务器的管辖范围（如管辖域名后缀为 zjgsu_edu.cn 的服务器收到对.com 后缀的域名的查找请求），也就是说域名服务器不能完全解析域名，可以有递归和迭代两种处理方式（由客户机请求报文指明）。

（1）递归方式。服务器作为客户与能够解析待查域名的服务器的联系，这个过程可能延续下去，直到查找到需要的 IP 地址，最后沿原路返回给客户机。具体过程可以沿着域名树向上搜索到根服务器，再由根服务器向下搜索；也可以直接向根服务器提出请求。在上面的例子中，如果知道.com 域名服务器的地址，甚至可以直接向.com 域名服务器提出查询请求。

（2）迭代方式。服务器将能够解析待查域名的服务器地址通知客户主机，客户再与另一域名服务器联系。在这种方式下，客户可能需要进行多次与不同域名服务器的联系才会找到需要的 IP 地址。

把域名转换成 IP 地址的过程称为域名解析。域名解析通过域名服务（Domain Name Service, DNS）系统完成。DNS 是 TCP/IP 应用层协议，底层协议采用 UDP, DNS 按照客户机/服务器模式工作。请求域名解析服务的软件称为解析器，负责域名解析的软件称为域名服务器，运行服务器程序的计算机称为 DNS 服务器。DNS 服务器是一个联机数据库，数据库中存放着主机域名与 IP 地址对照关系的记录。DNS 系统是一个分布处理的数据库。在不同的域中运行着大量的 DNS 服务器。这不仅为了减轻 DNS 服务器的负担，满足了以最高效率进行解析的要求，同时也提高了 DNS 系统的容错能力。

3）高效率的域名解析

为了提高查询速度，在每一个 DNS 服务器中可以设置一个高速文件缓冲区。存放最近经它解析过的域名到 IP 地址的映射，以及这个映射的最终服务器地址。每当客户机进行查询时，DNS 先查找这个文件缓冲区。从别的服务器查询得到的数据除了返回给客户机以外，在缓冲区中也存放一份，以便下次 DNS 客户机要查询相同的数据时可以从高速缓存中获得。当然，存储的信息可能会因映射关系改变而变得不正确，解决这个问题可以对缓存的每一个域名信息附加生命期限制，过时的信息将不再予以保留。数据在高速缓冲区中存放的时间是用 TTL（Time To Live）参数进行设置的。当数据存储在高速缓冲区以后，TTL 开始递减，当 TTL 减为 0 时，该数据将从缓冲区中释放掉。

5.4.3　E-mail

1. 电子邮件的基本概念

电子邮件（E-mail）是通过网络传输电子化信件的技术，其速度快、使用方便、功能强大，所以被人们所接受。用户在电子邮件服务器上可以申请一个邮箱，也称为邮件地址，并且可以获得一个合法账号和密码，然后就可以用客户软件收发邮件了。用户通过客户软件编写邮件并发送邮件到服务器的邮箱，本地服务器把邮件发往目的服务器，对方再通过客户软件把邮件下载到本地计算机阅读，还可以回复、转发、抄送等。电子邮件具有速度快、不需要收发双方同时在线等优点，因此使用方便。现在，E-mail 不仅可以发送文本，还可以发送图像和声音类的邮件。

E-mail 也采用客户/服务器模式，服务器软件一般运行在 ISP（Internet Service Provider，互联网服务提供商）的邮件服务器上。客户软件有很多种，现在人们一般比较喜欢使用 Web 模式的客户软件。所谓 Web 模式，是通过浏览器的方式访问邮件服务器，这种方式非常方便，无须对邮件服务器进行任何设置即可直接发送和接收邮件。一般提供邮件服务的网站都提供这种模式，只需进入相应的“邮件”栏目即可。

2. 电子邮件的特点

E-mail 是目前 Internet 最主要的应用之一。电子邮件与传统的通信方式相比，具有以下明显的优点。

（1）电子邮件比传统邮件传递速度快、范围广、可靠性高、成本低。

（2）电子邮件可以实现一对多的邮件传送，这样可以使得一位用户向多个用户同时发送通知的过程变得容易。

（3）电子邮件可以将文字、图像、语音、视频等多种类型的信息集成在一个邮件中传送。

3. 电子邮件的工作原理

一个邮件系统至少应该包括 3 部分：第一部分是用户代理，所谓用户代理，可以理解为客户软件，负责邮件的撰写、显示和处理等；第二部分是邮件服务器，邮件服务器是邮件系统的核心部分，负责邮件的发送和接收；第三部分是邮件协议，邮件协议通过 TCP 作为底层协议完成邮件的传输。一个邮件本身包含两部分信息。一部分称为邮件地址，其格式为：

收件人邮箱名@邮件主机域名

收件人邮箱又称为用户名，是用户的账号；邮件主机域名是邮件服务器的域名。由于主机域名在互联网上是唯一的，在申请账号时，服务商要求用户的账号也在本域唯一，这样就可以保证每个人的邮箱地址在整个互联网上是唯一的。另一部分是首部和内容，内容由用户自由撰写，首部包括若干关键字，有些是必须写的，主要包括邮件的收件人地址和邮件主题等。

电子邮件系统采用“存储转发”（store and forward）工作方式，一封电子邮件从发送端计算机发出，在网络传输的过程中，经过多台计算机的中转，最后到达目的计算机，传送到收信人的电子邮箱。电子邮件的这种传递过程有点像传统邮政系统中常规信件的传递过程。其工作原理如图 5-20 所示。

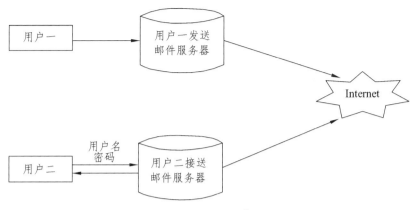

图 5-20　E-mail 工作原理

在 TCP/IP 电子邮件系统中，还提供了一种"延迟传递"（Delayed Delivery）的机制，它也是电子邮件系统突出的优点之一。有了这种机制，当邮件在 Internet 主机（邮件服务器）之间进行转发时，若远端目的主机暂时不能被访问，发送端的主机就会把邮件存储在缓冲储存区中，然后不断地进行试探发送，直到目的主机可以访问为止。

5.4.4　FTP

1. 文件传输基本概念

在 Internet 中，文件传输服务提供了任意两台计算机之间相互传输文件的机制，它是广大户获得丰富的 Internet 资源的重要方法之一。它通过网络将文件从一台计算机传送到另一计算机，不管这两台计算机相距多远，使用什么操作系统，采用什么技术与网络连接。所以，文件传输是实现网络上的计算机之间复制文件的简便方法。

文件传输协议（File Transfer Protocol，FTP）是 Internet 上最早使用，也是目前使用最广泛的文件传输协议。它既允许从远程计算机上获取文件，也允许将本地计算机的文件复制到远程主机。通过 FTP 可以在互联网中互相传输文件。FTP 不但可以传输文本文件，还可以传输二进制文件。现在，有大量共享软件可供网上用户通过 FTP 下载，对于安全性要求高的系统，用户必须具有合法的账号才可以访问，对于有些系统，一般用户则可以通过匿名账户进行访问。访问匿名主机时，当系统要求输入账号时只需输入"Anonymous"，然后输入一个邮件账号或"guest"作为密码就可以进入系统。通过 FTP 还可以向主机的公共目录上传文件，如通过 FTP 把用户制作的网页上传到 Web 站点进行发布。

2. FTP 的基本原理

FTP 是基于客户/服务器工作模式的，在客户机与服务器之间通过 TCP 建立连接。但 FTP 与 Telnet 不同，FTP 在客户机与服务器之间需要建立双重连接：控制连接和数据连接。控制连接用于传输 FTP 命令以及服务器的回送信息。一旦启动 FTP 服务程序，服务程序将打开一个专用的 FTP 端口（21 号端口），等待客户程序的 FTP 连接。客户程序主动与服务程序建立端口号为 21 的 TCP 连接。在整个 FTP 过程中，双方都处于控制连接状态。数据连接主要用于传输数据，即文件内容。当控制连接建立后，在客户程序和服务程序之间，一旦要传输文件就立即建立数据连接，而每传输一个文件就产生一个数据连接。数据连接为双向，表示 FTP 支持文件上载和文件下载，但必须是客户机主动访问服务器而不能是服务器访问客户机。

控制连接在服务器一方通过默认端口 21，数据连接通过另一个默认端口 20。而在客户一方则可以使用同一个端口。

3．FTP 的应用

Windows 系统提供了一个命令行形式的 FTP 程序。通过 FTP 命令，登录 FTP 主机后，可以使用 FTP 提供的约 60 个子命令实现数据传输。用户与 FTP 之间通过对话进行操作。在 FTP 提示符下输入 FTP 子命令，FTP 每执行一个子命令后都给出一个关于这个命令的执行结果，以便用户了解。

FTP 的客户程序非常多，现在许多 FTP 程序都采用图形用户界面，使用起来非常方便。大部分软件都可以实现自动连接、断点传输功能。在这些图形界面的 FTP 程序中，程序可以开两个窗口，一个窗口显示远程主机的公共文件目录；另一个窗口显示本地用户文件目录。在窗口之间进行文件下载或上传，就如同使用本地的两个文件夹复制文件那样方便。

5.4.5　Telnet

1．Telnet 基本概念

远程登录（Telecommunication Network Protocol，Telnet）是最主要的 Internet 应用之一，也是最早的 Internet 应用。

Telnet 允许 Internet 合法用户从其本地计算机登录到远程服务器上，登录后，可以进行文件操作，可以运行系统中的程序，还可以共享主机中的其他资源等。在网络上每个主机都有许多信息资源，那么就可以使用 Telnet 登录到这些主机上。此时把终端与自己的主机系统称为本地系统，而把要进行远程登录的主机称为远程系统。当本地用户登录到远程系统的主机上以后，可以享受与远程系统用户终端同等的待遇。

2．Telnet 基本工作原理

Telnet 是典型的客户机/服务器模式。在本地系统运行客户程序，在远程系统需要运行 Telnet 服务器程序，Telnet 通过 TCP 提供传输服务，端口号是 23。当本地客户程序需要登录服务时，通过 TCP 建立连接。远程登录服务过程基本上分为 3 个步骤。

（1）本地用户在远程系统登录时建立 TCP 连接。

（2）将本地终端上键入的字符传送到远程主机。

（3）远程主机将操作结果回送本地终端。

用户在远程终端上操作就如同操作本地主机一样，可以获得在权限范围之内的所有服务。

终端是一种字符设备，当本地用户从键盘输入的字符传输到远程系统后，服务器程序并不直接参与处理的过程，而是交由远程主机操作系统进行处理。操作系统把处理的结果再交由服务器程序返回到本地终端。服务器程序可以作为一个客户机程序与远程主机操作系统之间的一个接口，将远程登录的客户程序连接到了一个特定的接口上。

3. 虚拟终端

Telnet 为了适应不同计算机和操作系统的差异，定义了网络虚拟终端（Network Virtual Terminal，NVT），在进行远程登录时，用户通过本地计算机的终端与客户软件交互。客户软件把客户系统格式的用户击键和命令转换为 NVT 格式，并通过 TCP 连接传送给远程的服务器。服务器软件把收到的数据和命令从 NVT 格式转换为远程系统所需的格式。向用户返回数据时，服务器将远程服务器系统格式转换为 NVT 格式，本地客户接收到信息后，再把 NVT 转换为本地系统所需的格式并在屏幕上显示出来。因此，客户软件和服务器软件都必须支持 TCP 连接，即必须支持 TCP/IP 协议。

4. Telnet 的应用

使用 Telnet 首先应该获得一个客户软件。客户软件有很多，可以在因特网上下载。Telnet 一般都是图形界面程序。Windows 内置一个 Telnet 客户软件，短小精悍、非常好用。通过"开始→运行"菜单命令，输入 Telnet 即可以运行这个程序。出现程序窗口后，输入服务器程序站点地址即可以登录。另外，除了通过 Telnet 客户程序以外，还可以在浏览器上通过 Web 模式使用 Telnet。

5.4.6　DHCP

1. DHCP 的概念

动态主机配置协议（Dynamic Host Configuration Protocol，DHCP）提供了一种机制，允许一台计算机加入新的网络和获取 IP 地址而不用手工参与，在 TCP/IP 网络中自动地为网络上的主机分配 IP 地址，减轻了网络管理员的负担，且避免手工配置时出错。

DHCP 是 TCP/IP 的应用层标准协议，采用客户机/服务器模式，其支持的底层协议是 UDP，使用 UDP 67 和 68 端口的服务。

2. DHCP 基本原理

在 TCP/IP 网络中，每当客户机启动时，都要向网络上的 DHCP 服务器提出请求。DHCP 服务器接受这个请求，并在它的数据库中选取 IP 地址分配给客户机。在客户机与服务器之间就形成了一个租约，这个 IP 地址客户机默认的租期是 8 天，到一定时期，客户机还必须请求租约的更新。建立租约的过程可以分为 4 步。

（1）DHCP 客户机在本地子网上广播一个探索（DHCP discover）消息到一个广播地址（255.255.255.255），在这个消息中包括了计算机名及网卡的 MAC 地址。使用这个广播地址意味着这条消息将被网络上的所有主机和路由器接收。但路由器不转发这样的分组到其他网络，以防广播到整个因特网。客户机之所以使用广播消息是因为其不知服务器的 IP 地址，而且服务器本身也没有 IP 地址。

（2）网络的 DHCP 服务器收到客户机的消息后，如果在其数据库（地址池）中有可以分配的 IP 地址，则会用一个提供（DHCP offer）消息进行响应。在这个消息中包含所提供的 IP 地址、子网掩码、服务器的 IP 地址、租约有效时间和客户的 MAC 地址。

（3）DHCP 客户如果收到这个租约，则广播一个请求（DHCP request）消息以便响应租约。DHCP 客户可能会收到网络上多个 DHCP 的租约，它会选择所获得的第一个租约给予响应。在响应的消息中将给出被响应的 DHCP 服务器的 IP 地址。如果客户机在 1 s 之内收不到响应，则会在一定时段内继续广播消息。重复 4 次广播仍然没有收到租约，则客户机会在"保留地址"（169.254.0.1 ～169.254.255.254）中选择一个 IP 地址。

（4）被选择的 DHCP 服务器广播发送 DHCP 确认（DHCP Ack）消息表示批准租约。此后，客户机就可以利用这个租约在网络中进行通信了，其工作过程如图 5-21 所示。

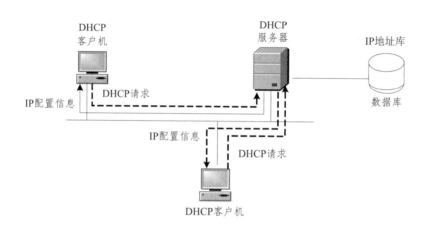

图 5-21　DHCP 的工作过程

当客户机的租约时间只剩 50% 时，必须自动续订租约。客户机向提供租约的服务器发送 DHCP request 消息，服务器向客户机发送 DHCP Ack 消息使得客户机获得一个新的租约。如果 DHCP 服务器此时不可用，则客户机可以继续使用租约。当达到了租约原来时间的 85% 时，客户机会进行续订租约的尝试。如果租约到期时，客户机的租约仍未获得续订，则客户机必须中止使用原来的 IP 地址并尝试重新获得租约。当客户机重新启动时，也会向原来的 DHCP 服务器广播 DHCP request 消息，如果得到服务器的确认则可以继续使用原来的 IP 地址。

习　题

一、填空题

1. 从名字上看 TCP/IP 包括两个协议，即_____和网际协议，但 TCP/IP 实际上是一组协议，它包括上百个各种功能的协议。

2. 从概念上讲，每个 32 位 IP 地址被分割成两部分，_____和主机地址。

3. TCP/IP 体系结构分为_____层。

4. TCP/IP 已经成了_____的工业标准。所谓 TCP/IP 协议，实际上是一个协议簇，其中 TCP 和 IP 协议是其中两个最重要的协议。IP 协议称为_____协议，用来给各种不同的局域网和通信子网提供一个统一的互联平台。TCP 协议称为_____协议，用来为应用程序提供端到端的通信和控制功能。

5. IPV6 的 IP 地址是_____位的。

6. 一个 B 类网，如果拿出主机号字段的 8 位作为子网字段，每个子网可以有_____主机号。

7. IP 地址必须通过_____协议翻译为物理地址。

8. ICMP 层的控制功能包括差错控制、拥塞控制和_____。

9. 为保证可靠的 TCP 连接，采用了所谓_____的方法。

10. TCP 数据传输分 3 个阶段，即_____、_____和_____。

11. FTP 程序有_____个熟知端口。

12. IP 协议实现两个基本功能：_____和_____。它有两个很重要的特性：_____性和_____性。

13. 不可靠性是指 IP 协议没有提供对数据流在传输时的可靠性控制。它是一种不可靠的"尽力传送"的数据报类型协议。但是利用_____协议所提供的错误信息再配合更上层的_____协议，则可以提供对数据的可靠性控制。

14. IP 地址是由一个_____地址和一个_____地址组合而成的 32 位的地址，而且每个主机上的 IP 地址必须是唯一的。全球 IP 地址的分配由_____负责。

15. 所谓"地址解析"就是主机在发送帧前将_____地址转换成_____地址的过程。

16. DNS 的功能，简单地说，就是通过名称数据库将_____转换为_____。

17. 某 B 类网段子网掩码为 255.255.255.0，该子网段最大可容纳_____台主机。

18. 在 TCP/IP 中，工作在网络互联层的协议有 IP、ICMP 和_____等。

19. 在 TCP 协议中，端口是用一个长度为 2 字节的整数来表示，称为端口号，端口号和_____连接在一起构成一个套接字。

二、选择题

1. 假设 IP 地址为 172.16.134.64，子网掩码为 255.255.255.224，以下选项中描述此地址的是（　　）。

A. 这是可用主机地址　　　　　　　　B. 这是广播地址

C. 这是网络地址　　　　　　　　　　D. 这不是有效地址

2. 主机 172.25.67.99/23 的二进制网络地址是（　　）。

A. 10101100.00011001.01000011.00000000

B. 10101100.00011001.01000011.11111111

C. 10101100.00011001.01000010.00000000

D. 10101100.00011001.01000010.01100011

E. 10101100.00010001.01000011.01100010

3. 路由器根据给定 IP 地址和子网掩码来确定子网的网络地址时使用（　　）。

A. 二进制"与"运算　　　　　　　　B. 十六进制"与"运算

C. 二进制除法   D. 二进制乘法

4. 下列有关 IPv4 地址网络部分的陈述（   ）是正确的。（选择 3 项）

A. 标识每台设备   B. 对于广播域中的所有主机都相同

C. 转发数据包时会发生更改   D. 长度不等

E. 用于转发数据包   F. 使用平面编址

5. 路由器接口分配的 IP 地址为 172.16.192.166，掩码为 255.255.255.248。该 IP 地址属于（   ）子网。

A. 172.16.0.0   B. 172.16.192.0

C. 172.16.192.128   D. 172.16.192.160

E. 172.16.192.168   F. 172.16.192.176

6. 以下选项中，（   ）是私有 IP 地址。（选择 3 项。）

A. 172.168.33.1   B. 10.35.66.70

C. 192.168.99.5   D. 172.18.88.90

E. 192.33.55.89   F. 172.35.16.5

7. 下列选项中，（   ）划分子网后的 IPv4 地址代表有效的主机地址。（选择 3 项）

A. 172.16.4.127/26   B. 172.16.4.155/26

C. 172.16.4.193/26   D. 172.16.4.95/27

E. 172.16.4.159/27   F. 172.16.4.207/27

8. 在使用网络地址 130.68.0.0 和子网掩码 255.255.248.0 时，每个子网上可以分配(   )个主机地址。

A. 30   B. 256   C. 2046   D. 2048   E. 4094

9. 超网是指（   ）。

A. 默认路由的网络   B. 有类地址的总结

C. 同时包含私有地址和公有地址的网络   D. 由 ISP 控制的一组不连续网络

10. 一个 IP 地址为 202.97.22468/24，其网络号为（   ）。

A. 202   B. 68   C. 202.97   D. 202.97.224

11. 主机号全 0 的 IP 地址是（   ）。

A. 网络地址   B. 广播地址   C. 回送地址   D. 0 地址

12. ICMP 控制报文类型字段为 3 表示（   ）。

A. 源抑制   B. 回应应答   C. 信宿不可达   D. 重定向

13. IP 数据报服务类型字段比特 3 表示（   ）。

A. 要求更低的时延   B. 要求更低廉的路由

C. 要求更高的可靠性   D. 要求更高的吞吐量

14. Telnet 的端口号是（   ）。

A. 21   B. 20   C. 23   D. 25

15. （   ）控制连接的熟知端口是 21。

A. FTP   B. Telnet   C. SMTP   D. SNMP

16. （   ）的顶级域名是 edu。

A. 公司   B. 政府   C. 教育   D. 军事

17. 下列关于 TCP 和 UDP 的描述正确的是（　　　）。

A. TCP 和 UDP 均是面向连接的

B. TCP 和 UDP 均是无连接的

C. TCP 是面向连接的，UDP 是无连接的

D. UDP 是面向连接的，TCP 是无连接的

18. IPv6 是今后因特网将采用的网络协议，其地址有（　　　）位。

A. 32　　　　　　　　B. 64　　　　　　　　C. 128　　　　　　　　D. 256

19. 假设子网掩码为 255.255.252.0，主机 IP 地址为 192.168.151.100，则对应的网络号码为（　　　）。

A. 192.168.148.0　　　　　　　　　　B. 192.168.151.0

C. 192.168.158.0　　　　　　　　　　D. 192.168.151.100

20. 将一个 B 类网络划分为 16 个子网络，其子网掩码为（　　　）。

A. 11.255.255.0.0　　　　　　　　　　B. 255.255.220.0

C. 255.255.240.0　　　　　　　　　　D. 255.0.0.0

21. 在无盘工作站向服务器申请 IP 地址时，使用的协议是（　　　）。

A. ARP　　　　　　　B. RARP　　　　C. ICMP　　　　　D. IGMP

22. 网络层的（　　　）协议提供了错误报告和其他回送给源点的关于 IP 数据包处理情况的消息。

A. TCP　　　　　　　B. UDP　　　　　C. ICMP　　　　　D. IGMP

23. 二进制 IP 地址表示法中如果第一个 8 位组以 1110 开头的 IP 地址是（　　　）。

A. D 类地址　　　　B. C 类地址　　　C. B 类地址　　　　D. A 类地址

24. 一台主机 IP 地址为 10.110.9.113/21，则主机在启动时发出的广播 IP 是（　　　）。

A. 10.110.9.255　　　　　　　　　　B. 10.110.15.255

C. 10.110.255.255　　　　　　　　　　D. 10.255.255.255

25. 一个 C 类网，需要将网络分为 9 个子网，每个子网最多 15 台主机，下列选项中合适的子网掩码是（　　　）。

A. 255.255.224.0　　　　　　　　　　B. 255.255.255.224

C. 255.255.255.240　　　　　　　　　　D. 没有合适的子网掩码

26. IP 地址 190.233.27.13/16 的网络地址是（　　　）。

A. 190.0.0.0　　　　　　　　　　　　B. 190.233.0.0

C. 190.233.27.0　　　　　　　　　　D. 190.233.27.1

三、简答题

1. 什么是 TCP/IP?

2. IP 协议的主要功能是什么？它有哪两个主要特性？

3. 试叙述 IP 层的作用主要包括哪些？

4. 简述子网规划的目的。

5. UDP 和 TCP 有什么相同点和异同点？

6. DHCP 客户机为什么以广播方式请求 DHCP 的服务？

7. 什么是地址解析协议和反向地址解析协议？

8. 什么是 DNS 域名系统？

9. 什么是网际控制报文协议？

10. 传输层的作用是什么？

11. TCP 有哪些功能？

12. 简述 TCP 如何保证可靠的数据传输服务？

13. ping 的作用是什么？

四、计算题

1. 以某公司为例，假定其总公司有 100 台主机，下属的 2 个分公司各有 60 台机器，还有 10 个小型分公司各有约 30 台机器，申请到的 IP 地址为 168.95.112.0。试给出该公司的 IP 地址分配方案。

2. 已知 IP 地址 202.97.224.68，回答下列问题：

（1）该 IP 属于哪类 IP 地址？

（2）网络号是多少？

（3）主机号是多少？

3. 第 2 题若设子网掩码为 255.255.255.240，回答下列问题：

（1）可以分成多少个子网？

（2）每个子网有多少台主机？

（3）该地址的子网号和主机号是多少？

（4）二进制的值是多少？

4. 一个公司申请到一个 C 类网络地址 168.95.2.0。假定该公司由 6 个部门组成，每个部门的子网中有不超过 30 台机器，试规划 IP 地址分配方案。

5. 某企业进行信息化改造，要求每个部门的主机处于不同的子网中，而且规定每个子网中最大可容纳的主机数量为 31 台，现要求你对企业申请的 196.99.180.0/24 网络进行子网划分。（假设全 0 和全 1 的子网可用。）

（1）请指出当前网络最多可划分为几个子网？

（2）请给出每个子网的子网掩码、网络地址、可用 IP 地址范围和广播地址。

6. 某企业内部有 5 个部门：市场部、行政部、营销部、财务部和后勤部。公司现在进行内部网络规划，计划对 196.168.180.0 网络进行子网划分，以确保不同部门的主机处于不同的子网中，以提升网络的性能和确保网络通信的安全，请你进行子网规划，并指出每个网络的网络地址、子网掩码、可用 IP 范围和广播地址（假设全 0 和全 1 的子网不可用）。

第6章　通信网与接入网技术

6.1　通信网概述

6.1.1　通信网概念

我们前面学过点对点的单向通信系统模型，如图 6-1 所示，要实现双向通信还需要另一个通信系统完成相反方向的信息传送工作。要实现多用户间的通信，则需要将多个通信系统有机地组成一个整体，使它们能协同工作，即形成通信网。

在通信网上，信息的交换可以在两个用户间进行，可以在两个计算机进程间进行，还可以在一个用户和一个设备间进行。交换的信息包括用户信息（如话音、数据、图像等）、控制信息（如信令信息、路由信息等）和网络管理信息 3 类。由于信息在网上通常以电或光信号的形式进行传输，因而现代通信网又称电信网。

通信网是一种使用交换设备、传输设备，将地理上分散用户终端设备有机地组织在一起，按约定的信令或协议实现任意用户间通信和信息交换的系统，是实现信息传输、交换的所有通信设备相互连接起来的整体。

图 6-1　通信系统一般模型

6.1.2　通信网的构成与分类

现代通信网是由软件和硬件按特定方式构成的一个通信系统，每一次通信都需要软硬件设施的协调配合来完成。

1.　通信网的构成

通信网的构成包括硬件和软件系统。通信网的硬件系统一般由终端设备、传输系统和转接交换系统构成，他们是构成通信网的物理实体，完成通信网的基本功能：接入、交换和传输。为了使全网协调合理地工作，还要有各种规定，如信令方案、各种协议、网络结构、路由方案、编号方案、资费制度与质量标准等，这些均属于软件系统。它们主要完成通信网的控制、管理、运营和维护，实现通信网的智能化。从另外一个角度来讲，现代通信网除了有传递各种用户信息的业务网之外，还需要有若干支撑网，如接入网、信令网、同步网、管理网等。

对通信网一般有以下 3 个通用的标准，即接通的任意性与快速性、信号传输的透明性与传输质量的一致性、网络的可靠性与经济合理性。

现代通信网的发展趋势可概括为通信技术数字化、通信业务综合化、网络互通融合化、通信网络宽带化、网络管理智能化和通信服务个人化。

2. 通信网的分类

通信网的分类方法很多，根据不同的划分方法，同一个通信网可以有多种分类形式。

（1）按业务种类，可划分为固定电话通信网、移动电话通信网、计算机通信网、电报网、数据通信网、传真通信网、广播电视网和综合业务数字网等。

（2）按服务范围，可划分为本地网、长途网、国际网、城域网和广域网等。

（3）按传输介质，可划分为电缆通信网、光缆通信网、卫星通信网、微波通信网、无线通信网等。

（4）按交换方式，可划分为电路交换网、报文交换网、分组交换网、宽带交换网等。

（5）按拓扑结构，可划分为网状网、星形网、环形网、树形网、总线网等。

（6）按信号形式，可划分为模拟通信网、数字通信网、数字/模拟混合网等。

（7）按传递方式，可划分为同步传递模式（STM）和异步传递模式（ATM）。

6.1.3　公共交换电话网

公共交换电话网（Public Switched Telephone Network， PSTN）最早是 1876 年由贝尔发明电话开始建立的，是一种用于全球语音通信的电路交换网络，它是发展最为成熟、使用最为广泛的网络，也是实现数据通信的重要基础之一。

1. 公共交换电话网的基本组成

公共交换电话网提供的主要服务是进行交互型话音通信，但也可兼容其他许多种非话音业务网，如采用数字用户线技术（DSL）实现因特网接入、远程站点和本地局域网之间互连、远程用户拨号上网、传真服务、用作专用线路的备份线路等。除了以传递电话信息为主的业务网外，一个完整的电话通信网还需要有若干个用以保障业务网正常运行的增强网络功能，即提高网络服务质量的支撑网络。支撑网中传递的是相应的监测和控制信号。支撑网包括同步网、公共信道信令网、传输监控网、管理网等。

公共交换电话网主要由用户终端设备、交换设备和传输系统组成，其基本结构如图 6-2 所示。

1）用户终端设备

用户终端设备主要是电话机，作用是将用户的声音信号转换成电信号或将电信号还原成声音信号。同时，电话机还具有发送和接收电话呼叫的能力，用户通过电话机拨号来发起呼叫，通过振铃知道有电话呼入。用户终端可以是送出模拟信号的脉冲式或双音频电话机，也可以是数字电话机，还可以是传真机或计算机等。

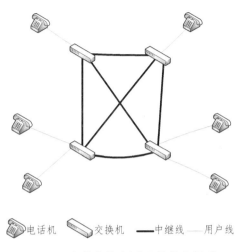

图 6-2　公共交换电话网的基本组成

2）交换设备

交换设备主要是指交换机。自 1891 年史端乔发明了自动交换机，电话交换机随着电子技术的发展经历了磁石交换、空分交换、程控交换、数字交换等阶段。目前几乎全部都是数字化的网络，基本采用数字交换。交换机主要负责用户信息的交换。它要按用户的呼叫要求在两个用户之间建立交换信息的通道，即具有连接功能。此外，交换机还具有控制和监视的功能。例如，它要及时发现用户摘机、挂机，还要完成接收用户号码、计费等功能。

3）传输系统

传输系统主要由传输设备和线缆组成，负责在各交换点之间传递信息。在电话网中，传输系统包括用户线和中继线。用户线负责在电话机和交换机之间传递信息，而中继线则负责在交换机之间进行信息的传递。传输介质可以是有线的也可以是无线的，传送的信息可以是模拟的也可以是数字的，传送的形式可以是电信号也可以是光信号。

2. 话音业务的特点

电话网的主要业务是话音业务，话音业务具有的主要特点如下。

（1）速率恒定且单一，用户的话音频率在 300 ~ 3 400 Hz 之间，经过抽样、量化、编码后，都形成了 64 kb/s 的速率。

（2）话音对丢失不敏感，在话音通信中可以允许一定的丢失存在，因为话音信息的相关性较强。可以通过通信的双方用户来恢复。

（3）话音对实时性要求较高，在话音通信中，双方用户希望像面对面一样进行交流，而不能忍受较大的时延。

（4）话音具有连续性，通话双方一般是在较短时间内连续地表达自己的通信信息。

6.1.4　光纤通信和光传输技术

1.　光纤通信系统的基本组成

光纤是光导纤维的简称，光纤通信是以光波作为信息载体，以光纤作为传输媒介的一种通信方式。光纤通信技术（optical fiber communications）从光通信中脱颖而出，已成为现代通信的主要支柱之一，在现代通信网中起着举足轻重的作用。

光纤通信具有容量大、频带宽、传输损耗小、抗电磁干扰能力强、通信质量高等优点，与同轴电缆相比可以节约大量有色金属和能源。自 1977 年世界上第一个光纤通信系统在美国芝加哥投入运行以来，光纤通信发展极为迅速，新器件、新工艺、新技术不断涌现，现已成为各种通信干线的主要传输手段。

由于激光具有高方向性、高相干性、高单色性等显著优点，光纤通信中的光波主要是激光。光纤通信系统主要由光发送机、光接收机、光缆传输线路、光中继器和各种无源光器件构成。

1）光发送机

光发送机是实现电/光转换的光端机，它由光源、驱动器和调制器等组成，作用是将来自电端机的电信号对光源发出的光波进行调制，然后再将已调的光信号耦合到光纤传输。所谓电端机就是常规的电子通信设备。

2）光接收机

光接收机是实现光/电转换的光端机，它由光检测器和光放大器等组成，作用是将光纤传来的光信号，经光检测器转变为信号，然后再将这些微弱的电信号经放大电路放大后，送到接收端的电端机去。

3）光纤

光纤构成光的传输通路，作用是将发信端发出的已调光信号，经过光纤的远距离传输后，耦合到收信端的光检测器上去，完成信息的传输任务。

4）中继器

中继器由光检测器、光源和判决再生电路组成。它的作用有两个：一个是补偿光信号在光纤中传输时的衰减；另一个是对波形失真的脉冲进行整形。

5）光纤连接器、耦合器等无源器件

由于光纤的长度受到光纤拉制工艺和光纤施工条件的限制，一条光纤线路上可能存在多根光纤的连接问题。因此，光纤间的链接、光纤与光端机的连接及耦合，对光纤连接器、光纤耦合器等无源器件的使用是必不可少的。

2. SDH/PDH

在数字通信系统中，传送的信号都是数字化的脉冲序列。这些数字信号流在数字交换设备之间传输时，其速率必须完全保持一致，才能保证信息传送的准确无误，这就叫作"同步"。

在数字传输系统中，有两种数字传输系列：一种叫作"准同步数字系列"（Plesiochronous Digital Hierarchy，PDH）；另一种叫作"同步数字系列"（Synchronous Digital Hierarchy，SDH）。

采用准同步数字系列的系统，是在数字通信网的每个节点上都分别设置高精度的时钟，这些时钟信号都具有统一的标准速率。尽管每个时钟的精度都很高，但总有一些微小的差别。为了保证通信的质量，要求这些时钟的差别不能超过规定的范围。因此这种同步方式严格来说不是真正的同步，所以叫作"准同步"。

在以往的电信网中多使用 PDH 设备。这种系列对传统的点到点通信有较好的适应性。而随着数字通信的迅速发展，点到点的直接传输越来越少，大部分数字传输都要经过转接，因而 PDH 系列不再适合现代电信业务开发的需要以及现代化电信网管理的需要。SDH 就是为适应这种新的需要而出现的传输体系。

最早提出 SDH 概念的是美国贝尔通信研究所，称其为光同步网络（SONET），它是高速大容量光纤传输技术和高度灵活、便于管理控制的智能网技术的有机结合。SONET 标准规定了帧格式以及光学符号的特性，将比特流压缩成光信号在光纤上传输，它的高速和帧格式决定了它可以支持灵活的传输业务。1988 年，CCITT 接受了 SONET 的概念，重新将其命名为"同步数字系列（SDH）"，使它不仅适用于光纤，也适用于微波和卫星传输的技术体制，并且使其网络管理功能大大增强。在国际上，SONET 和 SDH 这两个标准是被同等对待的，SDH 已被推荐为 B-ISDN 的物理层协议标准。

SONET 定义了线路速率的等级结构，其传输速率以 51.84 Mb/s 为基础进行倍乘。这个 51.84 Mb/s 速率对于电信号就称为第 1 级同步传送信号，记为 STS-1；相应的光载波则称为"第 1 级光载波"，记为 OC-1，现已定义了 8 个等级的速率标准。SDH 速率为 155.52 Mb/s，称为"第 1 级同步传送模块"，记为 STM-1，表 6-1 列出了两种标准速率等级的对应关系。

表 6-1　SDH 传输速率对照表

SONET 信号	比特率/（Mb/s）	SDH 信号
STS-1 和 OC-1	51.840	STM-0
STS-3 和 OC-3	155.520	STM-1
STS-12 和 OC-12	622.080	STM-4
STS-48 和 OC-48	2488.320	STM-16
STS-192 和 OC-192	9 953.280	STM-64
STS-768 和 OC-768	39 813.120	STM-256

SDH 技术与 PDH 技术相比，具有以下优点。

（1）网络管理能力大大加强。

（2）提出了自愈网的新概念。用 SDH 设备组成的带有自愈保护能力的环网形式，可以在传输媒体主信号被切断时，通过自愈网自动恢复正常通信。

（3）统一的比特率，统一的接口标准。

（4）采用字节复接技术，使网络中上下支路信号变得十分简单。

若把 SDH 技术与 PDH 技术的主要区别用铁路运输类比的话，PDH 技术如同散装列车，各种货物（业务）堆在车厢内，若想把某一包特定货物（某一项传输业务）在某一站取下，需把车上的所有货物先全部卸下，找到所需要的货物，然后再把剩下的货物及该站新装货物移到车上运走。因此，PDH 技术在凡是需上下电路的地方都需要配备大量的复接设备。而 SDH 技术就好比集装箱列车，各种货物（业务）贴上标签后装入集装箱，然后小箱子装入大箱子，一级套一级，这样通过各级标签，就可以在高速行驶的列车上准确地将某一包货物取下，而不需将整个列车"翻箱倒柜"（通过标签可准确地知道某一包货物在第几车厢及第几级箱子内）。所以，只有在 SDH 中才可以实现简单的上下电路。

3. MSTP 与 MSAP

1）MSTP —— 基于 SDH 的多业务传送平台

基于 SDH 的多业务传送平台（MSTP）是指基于 SDH 平台同时实现 TDM、ATM、以太网等业务的接入、处理和传送，提供统一网管的多业务节点。MSTP 主要是为了适应城域网多业务的需求而发展起来的新一代 SDH 技术，以 SDH 为基础平台，从单纯支持 2 Mb/s、155 Mb/s 等话音业务的 SDH 接口向包括以太网和 ATM 等多业务接口演进，将多种不同业务通过 VC 或 VC 级联方式映射入 SDH 时隙进行处理。目前，MSTP 除具有所有标准 SDH 传送节点所具有的功能模块外，一般还包括 ATM 处理模块、以太网处理模块。

MSTP 的技术优势在于解决了 SDH 技术对于数据业务承载效率不高的问题；解决了 ATM/IP 对于 TDM 业务承载效率低、成本高的问题；解决了 IP QoS 不高的问题；解决了 RPR 技术组网限制问题，实现了双重保护，提高了业务安全系数；增强了数据业务的网络概念，提高了网络检测、维护能力；降低了业务选型风险；实现了降低投资、统一建网、按需建设的组网优势；适应全业务竞争需求，快速提供业务。但 SDH/MSTP 网络在客户接入中存在着接入网统一管理难度大，以及接入电缆多、后期维护困难等问题。

2）多业务接入平台

由于 MSTP 平台接入层存在前述的问题，需要一种能使接入网络更加灵活、更易于管理、具备更强的可扩展性并且能降低运营成本、提高运维效率的多业务接入平台，（Multi-Service Access Platform，MSAP）由此产生。

MSAP 是一种定位在接入层为用户提供多业务接口的新型接入设备。它以 SDH 技术为内核，采用模块化设计，提供多个业务扩展槽，集成了多种接入方案。根据用户需求，上行可以按需提供 155 Mb/s 接口或 622 Mb/s 接口直接接入现有的 SDH 传输网和 MSTP 传输网。下行可以根据业务的需要随时插入以太网接口板、PDH 模式光板等多种业务接口板。可以通过以太网光口直接接入用户分支点的收发器设备，或者通过 PDH 模式光口接入用户分支点 PDH 模式并直接提供 V35，E1 接口的远端接入设备，从而提供不同的 V35、以太网、E1 接口，省去原有接入方式上的接口转换部分。

MSAP 是接入层综合组网技术，是满足大客户组网需求而出现的一种融合性技术，是 MSTP 有益的补充，弥补主流传输厂家在配线层两端产品的不足之处。

4．OTN

OTN（Optical Transport Network，光传送网），是以波分复用技术为基础、在光层组织网络的传送网，是下一代的骨干传送网。

全业务运营时代，电信运营商都将转型成为 ICT（即信息和通信技术，是电信服务、信息服务、IT 服务及应用的有机结合）综合服务提供商。业务的丰富性带来对带宽的更高需求，直接反映为对传送网能力和性能的要求。光传送网（Optical Transport Network，OTN）技术由于能够满足各种新型业务需求，从幕后渐渐走到台前，成为传送网发展的主要方向。

OTN 是以波分复用技术为基础、在光层组织网络的传送网，是下一代的骨干传送网。OTN 是通过 G.872、G.709、G.798 等一系列 ITU-T 的建议所规范的新一代"数字传送体系"和"光传送体系"，将解决传统 WDM 网络无波长/子波长业务调度能力差、组网能力弱、保护能力弱等问题。

OTN 跨越了传统的电域（数字传送）和光域（模拟传送），是管理电域和光域的统一标准。

OTN 处理的基本对象是波长级业务，它将传送网推进到真正的多波长光网络阶段。由于结合了光域和电域处理的优势，OTN 可以提供巨大的传送容量、完全透明的端到端波长/子波长连接以及电信级的保护，是传送宽带大颗粒业务的最优技术。

OTN 的主要优点是完全向后兼容，它可以建立在现有的 SONET/SDH 管理功能基础上，不仅对存在的通信协议完全透明，而且还为 WDM 提供端到端的连接和组网能力，它为 ROADM 提供光层互联的规范，并补充了子波长汇聚和疏导能力。

OTN 概念涵盖了光层和电层两层网络，其技术继承了 SDH 和 WDM 的双重优势，关键技术特征体现为：① 多种客户信号封装和透明传输；② 大颗粒的带宽复用、交叉和配置；③ 强大的开销和维护管理能力；④ 增强了组网和保护能力。

6.1.5　移动通信网

移动通信网是通信网的一个重要分支。近年来，移动通信以其显著的特点和优越性迅速发展，广泛应用在社会的各个领域。所谓移动通信，是指通信的一方或双方可以在移动中进行的通信过程，即至少有一方具有可移动性。例如，可以是移动台与移动台之间的通信，也可以是移动台与固定用户之间的通信。

1．移动通信网系统的基本组成

移动通信的种类繁多，如陆地移动通信系统可分为蜂窝移动通信、无线寻呼系统、无绳电话、集群系统等。同时，移动通信和卫星通信相结合产生了卫星移动通信、可以实现国内、国际大范围的移动通信。一个典型的移动通信网的基本组成如图 6-3 所示。

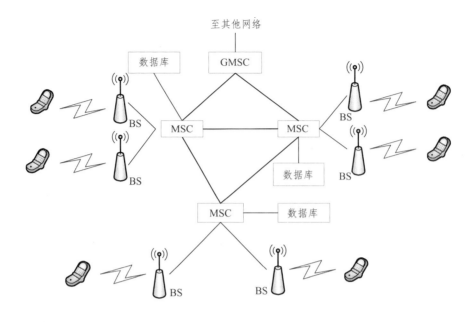

图 6-3　移动通信网的基本组成

1）移动业务交换中心

移动业务交换中心（Mobile-services Switching Centre，MSC）是蜂窝通信网络的核心，负责本服务区内所有用户移动业务的实现，如为用户提供终端业务、无线资源的管理、越区切换和通过关口 MSC 与公用电话网相连等，GMCS（Gate MSC）是网关，称为入口移动交换局或称门道局。

2）基站

基站（Base Station，BS）负责和本小区内的移动台之间通过无线电波进行通信，并与MSC 相连，以保证移动台在不同小区之间移动时也可以进行通信。

3）移动台

移动台（Mobile Station，MS）是移动通信网中的终端设备，如手机或车载台等。它要将用户的话音信息进行变换并以无线电波的方式进行传输。

4）中继传输系统

在移动业务交换中心（MSC）之间、移动业务交换中心（MSC）和基站（BS）之间的传输线均采用有线方式。

5）数据库。

动通信网中的用户是可以自由移动的，因此，要对用户进行接续就必须掌握用户的位置及其他信息，数据库就是用来存储用户有关信息的。

2. 移动通信的特点

相比固定通信而言，移动通信要给用户提供与固定通信一样的业务，但其管理技术、信号传播环境等要比固定网复杂得多。因此，移动通信有许多与固定通信不同的特点。

（1）用户的移动性。要保持用户在移动中的通信，必须采用无线通信，或无线通信与有线通信的结合。因此，系统中要有完善的管理技术对用户的位置进行登记、跟踪，使用户在移动时也能进行通信，不会因为位置的改变而中断。

（2）电波传播条件复杂。移动台可能在各种环境中运动，如建筑物或障碍物等。因此，电磁波在传播时不仅有直射信号，还会产生反射、折射、绕射、多普勒效应等现象，从而产生多径干扰、信号传播延迟等。因此，必须充分研究电波的传播特性，使系统具有足够的抗衰落能力，才能保证通信系统正常运行。

（3）噪声和干扰严重。移动台在移动时不仅受到城市环境中各种工业噪声和天然电噪声的干扰，同时，由于系统内有多个用户，移动用户之间还会有互调干扰、邻道干扰、同频干扰等。这就要求在移动通信系统中对信道进行合理的划分和频率的再用。

（4）系统和网络结构复杂。移动通信系统是一个多用户通信系统和网络，必须使用户之间互不干扰，能协调一致地工作。此外，移动通信系统还应与其他固定通信网互联，整个网络结构是很复杂的。

（5）有限的频率资源。在有线网中，可以依靠多铺设电缆或光缆来提高系统的带宽资源。而在无线网中，资源频率是有限的，ITU 对无限频率的划分有严格的规定。如何提高系统的频率利用率始终是移动通信系统的一个重要课题。

移动通信网按覆盖方式可分为"大区制"和"小区制"。所谓大区制是指由一个基站覆盖整个服务区，该基站负责服务区内所有移动台的通信与控制，覆盖半径一般为 30 ~ 50 km，只适用于用户较少的专用通信网。小区制是指将整个服务区划分为若干小区，在每个小区设置一个基站，负责本小区内移动台的通信与控制。小区制的覆盖半径一般为 2 ~ 10 km，基站的发射功率一般限制在一定的范围内，以减少信道干扰，同时还要设置移动业务交换中心，负责小区间移动用户的通信连接及移动网与有线网的连接，保证在整个服务区内，移动台无论在哪个小区都能够正常进行通信。目前公用移动通信系统的网络结构一般为数字蜂窝网结构，最常用的小区形状为正六边形，这是最经济的一种方案。由于正六边形的网络形同蜂窝，因此称这种小区形状的移动通信系统为蜂窝网移动通信系统。

3. 移动通信技术的发展

20 世纪 40 年代至今，移动通信网按其发展过程可分为第一代（1G）、第二代（2G）、第三代（3G）、第四代（4G）移动通信技术。1G 主要是基于模拟的 FDMA 技术，现已经淘汰，目前移动通信技术正向第五代（5G）发展。

第一单模拟制式的移动通信系统采用模拟信号传输，模拟制式是指无线传输采用模拟式的 FM 调制，将 300 ~ 3 400 Hz 的语音转换到高频的载波频率（MHz）上。此外，1G 只能应用在一般语音传输上，且语音品质低、讯号不稳定、涵盖范围也不够全面。

1G 系统主要为 AMPS，另外还有 NMT 及 TACS，我国在 20 世纪 80 年代初期移动通信产业还属于一片空白，直到 1987 年，在广东第六届全运会上蜂窝移动通信系统才正式启动。

GSM 数字蜂窝通信系统是 80 年代末开发的。2G 是包括语音在内的全数字化系统，新技术体现在通话质量和系统容量的提升上。从 1G 跨入 2G 是从模拟调制进入数字调制。相比于第一代移动通信，第二代移动通信具备高度的保密性，系统的容量也在增加。同时，从这一代开始，手机也可以上网了。2G 的声音品质较佳，比 1G 多了数据传输的服务，数据传输速度为 9.6 ~ 14.4 kb/s，最早的文字简讯也从此开始。GSM（Global System for Mobile Communication）是第一个商业运营的 2G 系统，GSM 采用 TDMA 技术。

3G 是移动多媒体通信系统，提供的业务包括语音、传真、数据、多媒体娱乐和全球无缝漫游等。NTT 和爱立信 1996 年开始开发 3G（ETSI 于 1998 年）。1998 年，国际电联推出 WCDMA 和 CDMA2000 两种商用标准。目前 3G 分为 4 种标准制式，分别是 CDMA2000、WCDMA、TD-SCDMA、WiMAX。3G 最吸引人的地方在于高达 384 kb/s 的传输速度，在室内稳定环境下甚至有 2 Mb/s 的水准。其中，TD-SCDMA（Time Division-Synchronous Code Division Multiple Access，时分同步码分多址）是由我国提出的标准，这在我国通信发展史上是一个重要的里程碑。

4G 是真正意义的高速移动通信系统，理论上能够以 100 Mb/s 的速度下载，上传的速度也能达到 20 Mb/s。网速是 3G 的 50 倍，实际体验也都在 10 倍左右，上网速度可以媲美 20 Mb/s 家庭宽带，因此 4G 网络具备非常流畅的速度，可以观看高清电影，大数据传输速度也非常快，只是资费是一大问题。4G 支持交互多媒体业务、高质量影像、3D 动画和宽带互联网接入，是宽带大容量的高速蜂窝系统。该技术包括 TD-LTE 和 FDD-LTE 两种制式。

5G 呈现出低时延、高可靠、低功耗的特点，就目前规划来看，5G 与 4G、3G、2G 有所不同，其并不是一个单一的无线接入技术，也不是几个全新的无线接入技术，而是多种新型无线接入技术和现有无线接入技术（4G 后向演进技术）集成后的解决方案总称。5G 需求已扩大到物联网领域。

6.1.6　卫星通信网

1.　卫星通信网的基本组成

卫星通信是指利用人造地球卫星作为中继站来转发或反射无线电波，在两个或者多个地球站之间进行的通信。根据通信卫星与地面之间的位置关系，可以分为静止通信卫星（或同步通信卫星）和移动通信卫星。静止通信卫星是轨道在赤道平面上的卫星。他的高度是35 780 km，采用 3 个相差 120°的静止通信卫星就可以覆盖地球的绝大部分地区（两极盲区除外）。

卫星通信实质是微波中继技术和空间技术的结合。一个卫星通信系统是由空间分系统、地球站群、跟踪遥测及指令分系统和监控管理分系统 4 大部分组成

1）空间分系统

空间分系统即通信卫星，通信卫星内的主体是通信装置，另外还有星体的遥测指令、控制系统和能源装置等。通信卫星的作用是进行无线电信号中继，最主要的设备是转发器（即微波收、发信机）和天线。一个卫星通信装置可以包括一个或者多个转发器。它把来自一个地球站的信号经接收、变频和放大后转发给另一个地球站，这样就实现了信号在地球站之间的传输。

2）地球站群

地球站群一般包括中心站和若干个普通地球站。中心站除具有普通地球站的通信功能外，还负责通信系统中的业务调度与管理，对普通地球站进行监测控制，以及业务转接等。地球站具有收、发信功能，用户通过它们接入卫星线路，进行通信。地球站有大有小，业务形式也多种多样。一般来说，地球站的天线口径越大，发射和接收能力越强，功能也越强。

3）跟踪遥测及指令分系统

跟踪遥测及指令分系统也称为测控站，他的任务是对卫星跟踪测量，控制卫星准确进入静止轨道上的指定位置；待卫星正常运行后，定期对卫星进行轨道修正和位置保持。

4）监控管理分系统

监控管理分系统也称为监控中心，它的任务是对定点卫星在业务开通前、后的通信性能（如卫星转发器功率、卫星天线增益以及各地球站发射功率）进行监测和控制，并对射频频率和带宽、地球天线方向图等基本通信参数进行监控，以保证正常通信。

2. 卫星通信的特点

与其他通信技术相比，卫星通信技术有着与众不同的特点。

（1）覆盖区域大。通信距离远。一颗同步卫星可以覆盖地球表面 1/3 的区域。因而利用三颗同步卫星可实现全球通信。他是远距离越洋通信和电视转播的主要手段。

（2）具有多址连接能力。在通信卫星所覆盖的区域内，四面八方所有地面站都能利用这一卫星进行相互间的通信。卫星通信的这种能同时实现多方向、多地面站之间的相互联系的特性被称为多址连接。

（3）频带宽，通信容量大。卫星通信采用微波频段，传输容量主要是由终端站决定的，即取决于卫星转发器的带宽和发射功率，而一颗卫星可以设置多个转发器，因此通信容量很大。

（4）通信质量好，可靠性高。卫星通信的电波主要在自由（宇宙）空间传播，电波传播十分稳定，而且通常只经过卫星一次转播，其噪声影响较小，通信质量好，可靠达 99.8% 以上。

（5）通信机动灵活。卫星通信系统的建立不受地理条件的限制，地面站可以建立在边远山区、海岛、汽车、飞机和舰艇上。

（6）通信成本与通信距离无关。地面微波中继或光纤通信系统，其建设投资和维护使用费用都随距离而增加。而卫星通信的地面站至空间转发器这一区间并不需要投资，因此线路使用费用与通信距离无关。

（7）其他特点。一是由于通信卫星的一次投资费用较高，在运行中难以进行检修，故要求通信卫星具备高可靠性和较长的使用寿命；二是卫星上资源有限，卫星的发射功率只能达到几十到几百瓦，因此要求地面站有大功率发射机，低噪声接收机，和高增益天线；三是由于卫星通信传输距离很长，信号传输的时延较大，在通过卫星打电话时，有大约 540 ms 的延时，通信双方会感到很不习惯。

卫星通信作为一种重要的通信方式，曾因陆地光缆通信发展受到较大的冲击，但是到 20世纪 90 年代中后期，由于卫星通信技术的迅速发展，再加上卫星通信本身具有通信容量较大、广播式传送、接入方式灵活及应用的业务种类多等特点，使得它在因特网、宽带多媒体通信、卫星电视广播等方面得到了广泛应用。

前面介绍的各种通信网是网络数据传输的重要组成部分，局域网的公共数据传输同样也是基于这些通信网。

6.2 广域网

6.2.1 广域网的构成

当计算机之间的距离较远时，例如距离几十千米或更远时，局域网就无法完成计算机之间通信任务了。这时需要借助另一种结构的网络，即广域网。广域网（Wide Area Network，WAN）是一种跨地区或国界的数据通信网络，它包含运行应用程序的机器的集合。

从一般意义上讲，广域网是由一些节点交换机（又称通信控制处理机）和连接这些交换机的链路（通信线路和设备）组成的。广域网是由许多通信技术构成的复合结构，这些技术有的是标准的，有的是专用的。所以广域网可是公共网络或专用网络。广域网采用了许多新兴的通信技术，如 ATM、帧中继、SDH/PDH 等。目前，一个实际的网络系统常常是局域网、城域网和广域网的集成。三者之间在技术上也在不断融合。

由于广域网的投资成本高，覆盖地理范围广，一般由国家或有实力的电信公司出资建造，甚至由多个国家联合组建。广域网一般向社会公众开放，因而又被称作公共网络（Public Data Network，PDN）。

6.2.2 广域网的特点

广域网区别于其他零星的网络的特点如下。

1. 网络的覆盖和速率范围大

广域网的覆盖和作用范围很宽广。一般其跨度超过 100 km，所采用的传输介质、数据传输速率与网络应用和服务性质有密切的关系。例如，有的广域网直接租用电话网的低速网，速率在 9 600 b/s 左右；有的依托于 DDN 线路的中速网，速率为 64 kb/s ~ 2.048 Mb/s；也有的采用光纤专门构造的 ATM 网作为高速网，速率在 155 Mb/s 以上。中、低速网一般只适合中小规模的用户集团之间纯数据业务的应用，而高速网适合大规模用户集团、综合业务或多媒体的应用服务。

2. 网络组织结构形式复杂

广域网的作用和服务的对象是在大面积范围内随机分布的大量用户系统，要把这些用户组织在一个网络中，简单的网络拓扑结构是不适用的，基本上都是采用网状或网状与其他拓扑形式的组合结构。

3. 具有多功能用途的综合服务能力

广域网具有多样化业务类型和信息结构特点。目前高速数据服务和国家信息化程度日益增长，使得一个地区或国家的广域网必然是多功能多用途的网络系统，这与城域网的情况有些类似。因此，广域网的多种用途主要体现在以下几个方面。

（1）跨城跨地区的局域网之间的连接。

（2）大型主机和密集用户集团之间的连接。

（3）为远程服务系统提供传输通道。

（4）提供与 Internet 的网际接口或作为接入网服务提供远程线路。

（5）提供区域范围内的宽带综合业务等。

4. 多采用转接信道的交换类型传输制式

广域网一般采用网状拓扑结构，以及通过交换节点来转接信道的存储—转发传输方式（分组交换）。在这种交换型网络中，一条端到端的数据通路由多段链路串接而成，信道的带宽资源被分段共享（复用方式），数据的传输则是逐段进行的，这方面与局域网和城域网有很大的差别。

6.2.3　广域网提供的服务

广域网的主要功能是实现远距离的数据传输，因此一般用于主机之间或网络之间的互联，它实现了网络层及其以下各层的功能，并向高层提供面向非连接的网络服务或面向连接的网络服务

数据报服务的特点是主机可以随时发送分组（即数据报），网络为每个分组独立地选择路由。并尽力而为地将分组交付目的主机，但是对源主机网络不保证所传送的分组没有丢失，不保证按照源主机发送分组的先后顺序将分组交给目的主机，也不保证在某个时限内肯定能将分组交付给目的主机。简言之，数据报服务是不可靠的，它不能提供服务质量，是一种"尽最大努力交付"的服务。

数据报服务在源主机和目的主机之间没有建立传输通道，因此报文中必须携带源主机和目的主机的地址，此时广域网中的节点交换机必须能够根据报文中的目的主机地址选择合适的路径来转发报文。

虚电路服务的思路来源于传统的电信网，有永久虚电路和交换虚电路之分。拥挤虚电路由电信运营商设置，一旦设置将长期存在；交换虚电路由两个主机通过呼叫控制协议建立，在完成当前传输后即拆除。虚电路和物理电路最大的区别在于虚电路只给出了两个主机的信息流，仍然可以共享通道上物理链路的带宽。

虚电路建立后，网络中的两个主机之间就好像有一对贯穿网络的数字通道，发送与接收

各用一条，所有的分组都按发送顺序进入管道，然后按照先进先出的原则沿着该管道传送到目的主机。因为是全双工通信，所以每条管道只沿着一个方向传输分组。相应地，到达目的主机的分组顺序与发送的顺序一样。因此，虚电路对于通信服务质量（QoS）能提供较好的保证。数据报服务和虚电路服务的优缺点可以归纳为以如下几点。

（1）采用虚电路时，交换设备（如路由器）需要维护虚电路的状态信息；采用数据报方式时，每个数据包都必须携带完整的源地址和目的地址，浪费了带宽。

（2）在连接建立时间与地址查询时间的权衡方面，虚电路在建立连接时需要花费时间，数据报则在每次路由时的过程较复杂。

（3）虚电路方式很容易保证服务质量，适用于实际操作，但比较脆弱；数据报不太容易保证服务质量，但是对通信线路故障的适应性强。

6.3　分组交换广域网

分组交换技术早在 20 世纪 70 年代中期就已经被广泛应用了（如 X.25 和 ARPA 计算机网络）。X.25 是一种典型的分组交换技术，为了实现快速分组交换服务，后来又提出了帧中继的概念，这两种分组交换都是用于可变长度的分组交换服务。

6.3.1　X.25 分组交换网

1. X.25 协议

X.25 协议是 CCITT 提出的用于分组交换的协议，X.25 分组交换网对于推动分组交换广域网的发展做出了巨大贡献。虽然今天已经有了性能更好的网络来代替 X.25 分组交换网，但是回顾它对于了解分组交换广域网的起源和发展是非常有益和必要的。

从本质上讲，X.25 是一种公共分组交换网络接口的规范。X.25 所有的讨论都以面向连接的虚电路服务为基础。CCITT 在 1972 年开始相继提出 X 系列建议，X 系列建议包括了一些标准化的接口规定和通信控制、数据传输、电路转换、报文分组转换网服务等方面的内容。X 系列建议的主体概念是分层概念，其层次关系可分为 3 层，即 ISO 建议七层结构中的低三层，它为异种网互联提供了基础。

1）物理层

物理层完成 DTE（数据终端设备）与 DCE（数据通信设备）的物理连接、传输比特流、维持线路和拆除线路，该层的接口标准是 X.25 建议书。

2）链路控制层

链路控制层进行传输差错检测和更正，确保传输的有效性和可靠性，即完成 DTE 与 DCE 的数据交换，其中包括对传输数据进行检错、透明度处理，同步字符的自动插入与删除，字符本身的装配和分解等功能。该层还包含有不同链路的地址码部分，以便根据它来识别数据该选择哪条链路流通。

3）分组层

分组层向用户提供多条逻辑信道，以便在一条链路上同时进行多个连接，换句话说，可以使一个 DTE 同时和网上其他多个 DTE 建立虚电路并进行通信。

从第 1 层到第 3 层，数据传送的单位分别是"比特""帧"和"分组"。X.25 还规定，可以在经常需要通信的两个 DTE 之间建立永久虚电路。

2. X.25 分组交换网在我国的发展

我国于 1984 年开始着手建立分组交换网，于 1989 年建成第一个公用分组交换网，并与国际分组交换网互联。1993 年又建成了全国分组交换数据网（简称 CHINAPAC 网），CH1NAPAC 建成后在我国曾获得广泛的应用。但是到了 20 世纪 90 年代末，通信骨干网已经大量使用光纤技术，数据传输质量大大提高，误码率降低了几个数量级，此时，X.25 十分复杂的协议和分组层协议已成多余，因此，进入 21 世纪后，X.25 分组交换网逐渐退出了历史舞台。

6.3.2　帧中继网

1. 帧中继概述

和 X.25 一样，帧中继（Frame Relay，FR）也是分组交换广域网，它于 1991 年问世，随后得到了迅速的发展。帧中继是一个简单的面向连接的虚电路分组业务，它既提供交换虚电路，也提供永久虚电路。

X.25 分组交换技术产生的背景是针对过去质量较差的传输环境。为提供高可靠性的数据服务，保证端到端传送质量，它采用逐段链路差错控制和流量控制。由于协议多，每台 X.25 交换机都要进行大量的处理，这样就使传输速率降低，时延增加。近年来，光缆线路的铺设大大提高了数据传输的可靠性，用户终端设备的处理速度和处理能力也有了很大提高，帧中继技术吸纳了 X.25 的优点，以分组交换技术为基础，综合 X.25 统计复用，端口共享等技术，采用分组交换中把数据组成不可分割的帧，以帧为单位进行信息的发送、接收和处理的方式。由于帧中继在许多方面非常类似于 X.25，因此它也又被称为第二代 X.25 或快速分组交换。

帧中继的工作原理比较简单，当帧中继交换机收到一个帧的首部时，只要查出帧的目的地址就立即开始转发该帧。显然，这种转发机制大大减少了节点对每个分组的处理时间，相应地，帧中继网络的吞吐量要比 X.25 网络提高一个数量级以上。

如果出现差错，帧中继网络规定一旦检测到有误码则立即中止该次传输，并将中止传输指令告知下一个节点。当下一个节点收到中止传输的指令后，也立即中止该帧的传输，并丢弃该帧。即使该帧已经到达了目的节点，用这种丢弃出错帧的方法也不会引起很大的损失，源节点将用高层协议请求重传该帧。从差错处理角度来看，帧中继网纠正一个比特差错所用的时间要多于 X.25 网络。因此，仅当帧中继网络本身的误码率非常低时，帧中继技术才是可行的。

2. 帧中继的特点

对于帧中继网络，其网络中的各交换节点不仅没有网络层，而且其数据链路层只具有有限的差错控制功能，只有在通信两端的主机中，其数据链路层才具有完全的差错控制功能。帧中继网络的差错控制功能如图 6-4 所示。

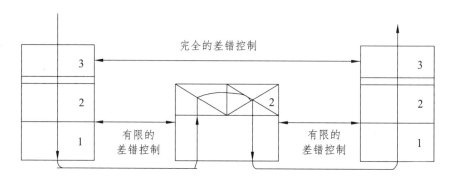

图 6-4　帧中继网络的差错控制

帧中继的呼叫控制信令是在与用户数据分开的另一个逻辑连接上传送的（即共路信令或带外信令），这一点与 X.25 明显不同。X.25 使用随路信令（或称带内信令），即呼叫控制分组与数据分组在同一条虚电路上传送。

帧中继的数据链路层没有流量控制能力，其流量控制由高层协议来完成。帧中继的逻辑连接复用与交换都在第二层进行，而 X.25 在第三层进行处理。

帧中继网络提供面向连接的虚电路服务，可以提供交换式虚电路，也可以提供永久虚电路，但它通常为相隔较远的一些局域网提供链路层的永久虚电路服务，永久虚电路最大的益处是在通信时可省去建立连接的过程。

帧中继所提供的虚电路功能如图 6-5 所示。在图 6-5（a）中，帧中继网络与局域网相连的交换机相当于 X.25 网络中的 DCE，而帧中继网的路由器则相当于 X.25 网络所提供的虚电路，就好像是在这两个用户之间有一条直通的专用电路，用户感觉不到帧中继网络中的帧中继交换机。

综上所述，帧中继是一种简化的分组交换技术，在保留传统分组交换技术优点（如宽带和设备利用率）的同时，大幅度提高了网络的通过量，并减少了网络延时，比较适合于构造专用或公用数据通信网。帧中继业务兼有 X.25 分组交换业务和电路交换业务的长处，实现上又比 ATM 技术简单。

帧中继技术于 20 世纪 90 年代初首先在美国和欧洲得到应用。在我国，中国国家帧中继骨干网于 1997 年初初步建成。至 1998 年，各省帧中继网络也相继建成。目前的路由器都支持帧中继协议，帧中继可承载流行的 IP 业务，IP 加帧中继已成了广域网应用的最佳选择之一。

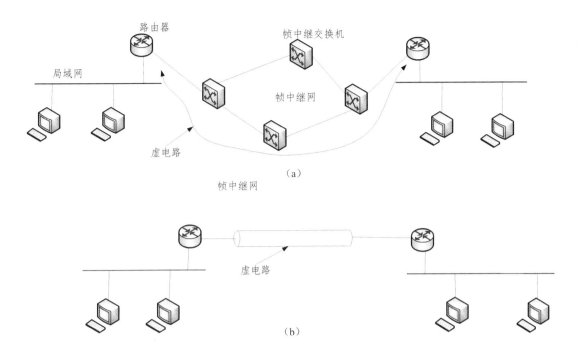

图 6-5　帧中继网络提供的虚电路服务

6.4　综合业务数字网

综合业务数字网（Integrated Service Digital Network，ISDN）是一种通用的全数字式通信网络，主要用作构建计算机网络在内的各种信息网络的通信基础设施。ISDN 的主要特点是在其所接入的各端系统之间，可进行话音、文字、数据和图像等多种业务的通信，或者是融合话音、数据、图像等信息的多媒体业务通信。这样，就使网络通信建立在一个更为广泛的基础之上，如只需将用户号码接通所需的用户，使用者就可以自由选用他希望使用的话音、文本、图像或数据等业务项目。

ISDN 技术的发展经历了以 64 kb/s 速率为基础的窄带 ISDN（N-ISDN）和面向多媒体业务的宽带 ISDN（B-ISDN）两个重大的技术发展阶段。N-ISDN 主要是实现以数字话音业务和各类普通数据业务为主的综合传输。在 1998 年以前，国际上有关 ISDN 的工作重点在 N-ISDN方面。此后，对 B-ISDN 的研究逐步引起人们的高度重视，ITU-T 在几年的时间内就制定出十几个关于 B-ISDN 的建议书。

6.4.1　窄带综合业务数字网

N-ISDN 从 20 世纪 70 年代开始起步，80 年代开始研究和实验。

1. N-ISDN 简介

N-ISDN 的基本结构是在现有数字电话网的基础上，实现用户到用户的全数字连接，使用单一的网络、统一的全新的用户-网络接口，为用户提供包括语音、文字、图像、数据在内的广泛形式的综合电信业务。因此，在现有全数字电信网或综合数字网的基础上可以很容易地实现 N-ISDN。

N-ISDN 的网络使用统一的智能公共信令系统来控制完成用户终端之间的连接。另外，网络不仅提供传统的电路交换，而且还提供分组交换能力，这是网络得以支持综合通信能力的基础。因此，ISDN 能有效地利用网络资源，向用户提供方便和广泛的服务。

ISDN 具有 3 种不同的信令：用户-网络信令、网络内部信令和用户-用户信令。这 3 种信令的工作范围不同。

用户-网络信令是用户终端设备和网络之间的控制信号。

网络内部信令是交换机之间的控制信号。

用户-用户信令则透明地穿过网络，在用户之间传送，是用户终端设备之间的控制信号。

ISDN 的全部信令都采用公共信道信令方式，因此在用户-网络接口及网络内部都存在单独的信令信道，和用户信道完全分开。

相关知识：信令是通信网的神经系统，信令系统在通信网的各节点（如交换机、用户终端、操作中心和数据库等）之间传送控制信息，以便在各设备之间建立和终止连接，达到传送通信信息的目的。

2. N-ISDN 的信道与业务

ISDN 定义了一些标准化的信道，并分别用一个英文字母来表示，其中最常见的是 B 信道（64 kb/s 的数字 PCM 话音或数据信道）和 D 信道（16 kb/s 或 64 kb/s 用作公共信道信令的信道）。B 信道是负载信道，可支持电路交换的数字电话和数据等业务，也可支持分组交换的数据。一个 B 信道就像一根管道，多个 B 信道可以被捆绑在一起以非常快的速度下载文件。D 信道是一种控制信道，主要用于传输控制信号，如建立和终止 B 信道，检查是否有可用的 B 信道，提供一些有用的用户信息（如对方的电话号码）。

在 ITU-T 规定的标准化组合中，提供了以下两种重要的接口标准。

（1）基本速率接口（Basic Rate Interface，BRI）：基本速率为 2B+D=144 kb/s，其中 D 信道为 16 kb/s。这种速率是为了给家庭或小单位用户提供服务。这里的一个 B 信道用于电话，另一个 B 信道用于传送数据。

（2）基群（或称一次群）速率接口（Primary Rate Interface，PRI）：速率为 23B+D=1.544 Mb/s 或 30B+D=2.048 Mb/s，其中 D 信道为 64 kb/s。一次群速率可适合于北美的 T1 系统（1.544 Mb/s）或 E1 系统（2.048 Mb/s）。

6.4.2 宽带综合业务数字网

1. B-ISDN 与 N-ISDN 的比较

尽管 B-ISDN 和 N-ISDN 的名称相似，但两者之间有许多差别。除了在传输带宽方面的差别外，还有如下的一些重要差别。

（1）N-ISDN 的网络是以数字电话网体制作为基础的，并采用传统的电路交换方式。而 B-ISDN 则采用各种高速、宽带传输与交换体制来构建其网络结构。例如，目前比较普遍采用的传输制式是 SDH（Synchronous Digital Hierarchy，同步数字体系），交换制式是 ATM（Asynchronous Transfer Mode，异步传输模式）。

（2）N-ISDN 采用固定的实通道速率，主要是 64 kb/s 的 B 信道和 16 kb/s 的 D 信道，以及它们不同的组合。而 B-ISDN 没有实通道而只有虚通道的概念，且虚通道的速率不能预先确定，其上限取决于用户网络接口的实际传输速率，如 155.52 Mb/s 或 622.08 Mb/s。

（3）N-ISDN 主要以数字电话为主要业务，附以计算机数据业务和一些可视业务。而 B-ISDN 能够承载的业务要宽广得多，除了一般的话音、数据和可视业务外，更重要的是实时的可视的交换业务（如电视会议、点播电视等）、高清晰度电视、高保真音响和多媒体业务等。

2. B-ISDN

N-ISDN 采用同步时分复用的方法将用户信道分割成 2B+D，传输速率为 144 kb/s。但是，数字化的电视信号的速率达 140 Mb/s，压缩后也有 34 Mb/s。高清晰度电视经压缩后的信号速率约为 140 Mb/s。所以，N-ISDN 可以同时传输电话、传真、数据等多种不同的信息，却不能传送图像信号。20 世纪 80 年代后期，N-ISDN 刚在北美、欧洲和日本趋于成熟和实用，还没有来得及推广就提出宽带 B-ISDN 了。在 B-ISDN 中，用户线上的信息传输速率可达 155.52 Mb/s，是窄带 ISDN 的 800 倍以上。光交换技术和 ATM 技术是实现 B-ISDN 的主要技术。

6.4.3　ISDN 的现状

对于 ISDN 的发展主要有两种观点。其一，作为数据连接服务，ISDN 事实上已经被 DSL 技术淘汰。中国电信产业发展很快，但是在 ISDN 大面积部署的时候，中国还没有引入此项技术。在欧美国家 ISDN 普遍使用的时候，中国才开始安装局端设备。而此时，ADSL 技术已经成熟，而且向市场推广了。这样 90 年代中期，只有在北京、上海、广州等少数几个试点城市 ISDN 的应用较多，其他城市只是小面积的使用，其根本原因在于运营商需要投入巨额资金用于设备改造。当时中国电信提供的 2B + D 方案是窄带 ISDN 标准，只能提供 128 kb/s 的速率。用户需要承担接近 1.5 倍普通电话的费用。而网上业务没有真正展开，用户需要的服务和内容都得不到支持。ISDN 不像 ADSL 那样，语音与数据容易分离，因此，用户必须使用全部数字化的设备，这就造成运营商和用户都要投资的状况。一方面运营商要不断满足飞速增长的网络连接需求，另一方面还要发展固定电话业务。ISDN 不能灵活地适应中国需求多样化的市场，只能淡出市场角逐。而 DSL 高带宽、大容量和低廉的改造费用让运营商很快投入到 DSL 网络建设中。ISDN 自始至终没有在美国的电话网络上得到广泛应用，已经是一种过时的技术。

然而还有另外一种观点，对于电信产业，ISDN 还没有完全被判死刑。一个电话网可以被看作一个不同交换系统之间的有线连接集合。它也作为智能网技术通过端到端的电路交换数字服务为公共交换电话网（PSTN）提供更多的新服务。但现实是，随着移动通信网络的发展，基于有线电缆的 PSTN 也早就萎缩不再发展了。

最后需要指出的是，ISDN 毕竟最早提出和标准化了网络融合，很多建议的标准至今仍在使用。

6.5 接入技术

6.5.1 接入网的概念

公用电信网络至今已有 100 多年的历史，它是一个几乎可以在全球范围内向住宅和商业用户提供接入的网络。随着通信技术的飞速发展和新的用户要求的提出，电信业务也从传统的电话、电报业务向视频、数据、图像、语言、多媒体等非话音业务方向拓展，使电信网络的规模和结构都变得更大和更复杂。为此，ITU-T 现已正式采用用户接入网（简称接入网）的概念，并在 G.902 中对接入网的结构、功能、接入类型、管理等方面进行了规范，以促进对这一问题的研究和解决。例如，对于 Internet 来说，任何一个家庭用的计算机、机关企业的计算机都必须连到本地区的主干网，才能通过地区主干网、国家级主干网与 Internet 相连。可以形象地将家庭、机关和企业用户计算机接入本地区主干网的问题叫作信息高速公路中的"最后一千米"问题，解决最终用户接入地区性网络的技术就是接入网技术。

传统上公用电信网络被划分为 3 个部分：长途网（长途端局以上部分）、中继网（长途端局与市局或市局之间的部分）和用户接入网（端局于用户之间的部分）。而现在通常将长途网和中继网合在一起称为核心网（Core Network，CN）或骨干网，其他部分称为接入网（Access Network，AN）或用户环路。

1. "全程全网"结构

按照服务范围、网络拓扑和接入逻辑，可把现在通信网的"全程全网"划分为核心网（骨干网）、接入网和用户驻地网，他们之间的关系如图 6-6 所示。

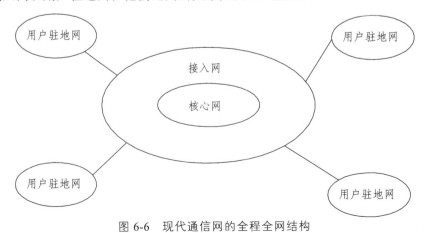

图 6-6　现代通信网的全程全网结构

核心网是由宽带、高速骨干传输网和大型交换节点构成,包括传输网和交换网两大部分。用户驻地网(Customer Premises Network,CPN)一般是指用户终端至用户-网络接口(UNI)所含的设备,由完成通信和控制功能的用户布线系统组成,以使用户终端可以灵活方便地进入接入网。接入网按照 ITU G.902 定义,是由业务节点接口(SNI)和用户-网络接口(UNI)之间的一系列传送实体(如由网络和传输设备等组成)为通信业务提供所需传送能力的系统,可经由管理接口(Q3)配置和管理。它是在本地局与用户设备间的信息传送实时系统,可以部分或全部替代传统的用户本地线路,含复用、交叉连接和传输功能。

2. 接入网的接口定界

ITU G.902 对接入网所覆盖的范围由 3 种接口来定界,如图 6-7 所示。用户侧由用户-网络接口(UNI)与用户(或用户驻地网)相连,网络侧经由业务节点接口(SNI)与业务节点(SN)相连,而管理侧则是通过 Q3 接口与电信管理网(Telecommunication Management Network,TMN)相连。业务节点是提供业务的实体,以交换业务而言,提供接入呼叫和连接控制信令,以及接入连接和资源管理。按不同业务的接入类型,业务节点可以是本地交换机、IP 路由器或特定的视频点播(VOD)设备等。一般接入网对其所支持的 UNI 和 SNI 的类型与数目并不做限制,允许接入网与多个业务节点相连,以确保接入网可灵活地按需接入不同类型的业务节点。

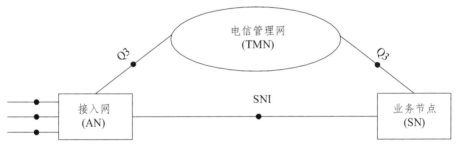

图 6-7 接入网的接口定界

不同的 UNI 支持不同的业务,如模拟电话、数字或模拟租用线业务等。顺便指出,对于 PSTN 而言,ITU-T 尚未建立通用的 UNI 综合协议,故而 UNI 目前只能采用相关网商的标准。

SNI 可分为支持单一接入的 SNI(如 V5 系列接口)和综合接入的 SNI(如 ATM 接口)。

维护管理接口(Q3)是电信管理网与电信网各部分的标准接口。接入网作为电信网的一部分,也应通过 Q3 接口与 TMN 相连,以便于 TMN 实施管理功能。

6.5.2 接入网的接口技术

1. 接入网的功能模型

接入网不解释(用户)信令,具有业务独立性和传输透明性的特点。为了充分利用网络资源,既能经济地将现有各种类型的用户业务综合地介入到业务节点,又能对未来接入类型提供灵活性,ITU-T 提供了功能性接入网概貌的框架建议(G.902)。如图 6-8 所示,接入网的功能模型由业务节点接口（SNI）和用户-网络接口（UNI）之间一系列的传送实体组成。

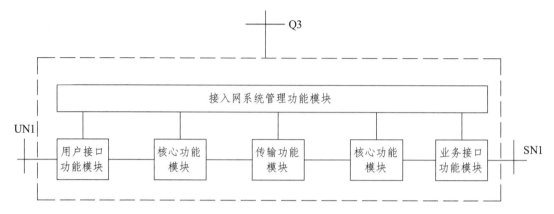

图 6-8 接入网的功能模型

接入网有 5 个接入模块，分别是用户接口功能模块、核心功能模块、传输功能模块、业务接口功能模块及管理功能模块。

1）用户接口功能模块

用户接口功能模块可将特定 UNI 的要求适配到核心功能模块和管理模块。其功能包括终结 UNI 功能、A/D 转换和信令转换（但不解释信令）功能、UNI 的激活和去活功能、UNI 承载通路/承载能力处理功能、UNI 的测试功能和用户接口的维护、管理、控制功能。

2）核心功能模块

核心功能模块位于用户接口功能模块和业务接口功能模块之间，承担各个用户接口承载体或业务接口承载体要求进入公共传送载体的职责。其功能包括进入承载通路的处理能力、承载通路的集中功能、信令和分组信息的复用功能、ATM 传送承载通路的电路模拟功能、管理和控制功能。

3）传输功能模块

传输功能模块在接入网内的不同位置为公共承载体的传送提供通道和传输媒介适配。其功能包括复用功能、交叉连接功能（包括疏导和配置）、物理媒质功能、管理功能等。

4）业务接口功能模块

业务接口功能模块将特定 SNI 定义的要求适配到公共承载体，以便在核心功能模块中加以处理，并选择相关的信息用于接入网中管理模块的处理。其功能包括终结 SNI 功能，将承载通路的需要、应急的管理和操作需要映射到核心功能，特定 SNI 所需的协议映射功能，SNI 的测试和业务接口的维护、管理、控制功能。

5）系统管理功能模块

系统管理功能模块通过 Q3 接口或中介设备与电信管理网接口，协调接入网各种功能的提供、运行和维护，包括配置、控制、故障检测和指示、性能数据采集等。同时还具有 SNI

（业务节点接口）协议和 SNI 操作功能，UNI 协议和用户终端的操作功能。

2. 接入网的接口技术

新技术和新业务在接入网中的应用中，促使用户终端和交换机系统发生了很大的变化，这些变化集中体现在接网的界定接口上。接入网根据各种类型的业务从用户端接入各个电信业务网，在不同的配置下，接入网有不同的接口类型。

接入网用户侧的用户-网络接口（UNI）支持模拟电话、ISDN 接入、无线通信接入等。用户网络中的 Z 接口用于传输 300 ~ 3400 Hz 模拟音频信号，T 接口用于传输数据和视频信号。

接入网业务侧的业务节点接口（SNI）将各种用户业务与交换机连接，交换机的用户接口有模拟接口（Z 接口）和数字接口（V 接口）。其中的 V 接口是指符合 ITU-T V.5 建议的接口。V.5 接口是数字传输系统和程控交换机结合的新型数字接口，以取代交换机原有的模拟接口和各种专线及 ISDN 用户接口，为数字技术在接入网的应用提供了新的标准接口。

V5 接口是目前比较成熟的一种用户信令和用户接口，它用统一的标准实现了数字用户的接入，能支持公用电话网、ISDN（窄带），帧中继、分组交换、DDN 等业务。ITU-T 已通过支持窄带业务（≤2 Mb/s）的 V5.1 和 V5.2 接口建议（G.964 和 G.965），制定了支持带宽业务（传输速率 > 2 Mb/s）的 V5.B 接口技术规范。我国以 ITU-T 的 G.964 和 G.965 建议为主要依据，编制了《本地数字交换机和接入网之间的 V5.1 接口技术规范》和《本地数字交换机和接入网之间的 V5.2 接口技术规范》。V5.3 接口支持 SDH 接入交换机侧，速率为 155.52 Mb/s 和 622.08 Mb/s，还适用于光纤传输系统（即 FTTH 系统）和金属传输线系统（速率为 1.5 Mb/s、2 Mb/s、51.84 Mb/s），同时支持窄带 ISDN 的基本用户系统。

6.5.3　接入网的特点与分类

1. 接入网的特点

由于在电信网中的位置和功能不同，接入网相对核心网而言，其环境、业务量密度，以及技术手段等均有很大差别。

接入网的用户线路在地理上星罗棋布，建设投资一般比核心网大，在传送内容上图像等高速数据与语音等低速数据并存，传送方式上固定或移动各有需求。接入网业务种类多、组网能力强、网络拓扑结构多样，但一般不具备交换功能，网径大小不一，线路施工难度大，其主要特点如下。

（1）综合性强。接入网是迄今为止综合技术种类最多的网络。例如，仅传送部分就综合了 SDH、PON、ATM、HFC 和各种无线传送技术等。

（2）直接面向用户。接入网是一个直接面向用户的敏感性很强的网络。例如，其他网络发生问题时，用户可能还感觉不到，但接入网发生问题，用户肯定能感觉到。

（3）和其他网络关系密切。接入网是和其他业务网关系最为密切的网络，它是本地电信网的一部分，和本地网的其他部分关系密切。

（4）发展速度快。接入网是一个快速变化发展的网络，可用于接入网的新技术将不断出现，特别是宽带方面的技术发展更快。因此对接入网的认识、利用和建设方法都存在一个变化过程。

（5）适应性要求高。接入网是一个对适应性要求较高的网络。比起其他网络，接入网对各方面适应性的要求都较高。例如，容量的范围、接入带宽的范围、地理覆盖的范围、接入业务的种类、电源和环境的要求等，这些在其他业务网中可能不存在的问题，在接入网中都可能成为问题。

此外，接入网的情况相当复杂，已有的体制种类繁多，如电信部门的铜缆话路通信模式、有线电视的同轴电缆单向图像通信模式，以及蜂窝通信的移动通信模式等。如今核心网已逐步形成以光纤线线路为基础的高速信道，国际权威专家把宽带综合信息接入网比做信息高速公路的"最后一千米"，并认为它是信息高速公路中难度最大、耗资最多的一部分，是信息基础建设的"瓶颈"。

接入网是电信网的重要组成部分，其发展正日益受到各国的重视。其目标就是建立一种标准化的接口方式，用一个可监控的接入网络，为用户提供话音、文本、图像、有线电视等综合业务。

2. 接入网的分类

接入网研究的重点是围绕用户对话音、数据、视频等多媒体业务需求的不断增长，提供具有经济优势和技术优势的接入技术。接入网的分类方法多种多样，可以按传输介质、拓扑结构、使用技术、接口标准、业务带宽、业务种类等进行分类。

接入网根据用户-网络接入方式可分为有线接入（铜线接入）、无线接入、以太网接入、光纤接入等。以上这些接入方式既有窄带的，也有宽带的。其中宽带无线接入及光纤接入是未来接入网络技术的两个发展方向。

1）有线接入方式

有线接入方式是在原有铜质导线的基础上通过采用先进的数字信号处理技术来提高传输容量，从而提供多种业务的接入。主要包括用普通 Modem 经公用电话网的拨号接入、ISDN 用户线路接入、xDSL（数字用户线）接入，以及通过 X.25 分组交换网、数字数据网（DDN）、帧中继网（FR）的专线接入，也可以使用 Cable-Modem 经有线电视网络接入等。

2）无线接入方式

无线接入是指接入网的某一部分或全部使用无线传输媒体，向用户提供移动或固定接入服务的技术。无线接入系统主要由用户无线终端（SRT）、无线基站（RBS）、无线接入交换控制器以及固定网的接口网络等部分组成。其基站覆盖范围分为 3 类：大区制为 5～50 km，小区制为 0.5～5 km，微区制为 50～500 m。无线接入网技术按照通信速率可以分为低速接入和高速接入，采用超短波、微波、毫米波及卫星通信等多种传输手段和点对点、一点多址、蜂窝、集群、无绳通信等多种组网技术体制，可以构成多种多样的应用系统。

3）以太网接入方式

如果有光纤铺设到办公大楼或居民小区，那么采用以太网接入方式最为方便和优越，一般采用 5 类非屏蔽双绞线作为接入线路。目前大部分的商业大楼都进行了综合布线，而且将以太网接口安装到桌上和墙脚，给用户提供了较好的宽带接入手段。它能给每个用户提供 10/100 Mb/s 的接口速率，能够满足用户接入的需要。以太网接口具有高带宽和低成本的特点，是一种很有前途的宽带接入方式。

4）光纤接入方式

光纤通信具有通信容量大、质量高、性能稳定、防电磁干扰、保密性强等优点，在干线通信中，光纤扮演着重要角色。现在光纤相对于有色金属导线来说是如此的"便宜又好用"，因此 FTTx（Fiber To The X，光纤接入）作为新一代宽带解决方案被广泛应用，为用户提供高带宽、全业务的接入平台。

根据光纤网络单元（Optical Network Unit ，ONU）的位置，光纤接入可分为光纤到路边（FTTC）、光纤到大楼（FTTB）、光纤到家（FTTH）等几种。ONU 的功能是处理光信号并为用户提供接口。ONU 需要完成光/电转换，并处理话音信号的模/数转换、复用、信令，实现维护管理。其中 FTTH（Fiber To The Home，光纤到家）是最理想的业务透明网络，是接入网发展的最终方式。

6.6　Internet 接入技术

Internet 的接入可分为拨号接入方式、专线接入方式和无线接入方式 3 种。通常拨号接入的方式适用于小型子网和个人用户；专线接入的方式适合于中型子网；无线接入的方式适合于在城市和市郊进行中远距离联网。

6.6.1　拨号接入

拨号入网是一种利用电话线和公用电话网（PSTN）接入 Internet 的技术。

1. PSTN 拨号接入

PSTN 拨号接入方式是用户利用一条电话线和普通的 Modem，再向 ISP 申请一个账号，即可接入因特网。其基本原理是将用户计算机的数字信号通过调制解调器（Modem）转换为模拟信号，然后通过电话线进行传输，最后经过 ISP 接入服务器接入 Internet。这种接入方式的速率在理论上最高只能达到 56 kb/s，不能满足宽带多媒体信息传输的需要，且随着 PSTN 的没落而逐渐被淘汰。

2. 窄带 ISDN 拨号接入

窄带综合业务数字网（ISDN）接入技术俗称"一线通"，能在一根普通电话线上提供语音、数据、图像等综合业务。它可以提供一条全数字化的连接，其中两个 64 kb/s 的 B 信道用于通信，用户可同时在一条电话线上上网和打电话，或者以最高为 128 kb/s 的速率上网，当有电话打入和打出时，可以自动释放一个 B 信道，接通电话。随着 DSL 接入的普及，这种接入方式也很少使用了。

3. ADSL 拨号接入

不对称数字用户线（Asymmetrical Digital Subscriber Line，ADSL）是 20 世纪 90 年代提出的一种通过现有普通电话线为家庭、办公室提供宽带数据传输服务的技术。所谓"不对称"是指上行方向和下行方向的信息速率是不对称的。理论上，它能够在普通电话线上提供高达 8 Mb/s 的下行速率和 1 Mb/s 的上行速率，传输距离达 3～5 km。ADSL 技术的主要特点是可以充分利用现有的电话线网络，在线路两端加装 ADSL 设备即可为用户提供宽带接入服务。

在访问 Internet 时，用户主要是从网上下载信息，一般用户传送给 Internet 的信息并不多，因此不对称传输带宽并没有妨碍 ADSL 作为用户网和公共交换网的接入线路。ADSL 所支持的主要业务包括 Internet 高速接入服务，多种宽带多媒体服务[如视频点播（VOD）、网上音乐厅、网上剧场、网上游戏、网络电视等]，提供点对点的远地可视会议、远程医疗、远程教学等服务。ADSL 接入方式如图 6-9 所示。

图 6-9　ADSL 接入方式

ADSL 适用于人口密度大，高层建筑多，网络节点密集的地段，具有系统结构简单、使用维护方便和性价比高等特点。但 ADSL 标准中规定的速度仅是一个推荐值，在实际应用中，用户能达到的速率与线路的长度、线径、质量以及电信局的资费政策有关。

数字用户线路（Digital Subscriber Line，DSL）是以铜电话线为传输介质的点对点传输技术，包括 HDSL、SDSL、VDSL、ADSL、RADSL 等，一般称之为 xDSL，其中 ADSL 应用较为广泛，是最具前景及竞争力的一种传输技术。

DSL 不要求对数字数据进行模拟转换，数字信号仍作为数字数据传送到计算机，这使电信公司可以将更大带宽用于用户数据传输。同时，只要需要，还可以将信号分离，将一部分带宽用于传输模拟信号，这样就可以在一条线路上同时使用电话和计算机。

xDSL 技术是一种点对点的接入技术，实施灵活方便。它是设计用来在普通电话线上传输高速数字信号、以双绞线为传输介质的传输技术组合，其中 x 代表不同种类的数字用户线路技术，包括非对称（ADSL、RADSL、VDSL）技术和对称（HDSL、SDSL）技术。各种数字用户线路技术的不同之处主要表现在信号的传输速率、距离，以及对称或非对称速率的区别上。总体来讲，拨号接入具有价格便宜、可随时连接网络、随时断开连接、能够根据联网时间计费等特点。

当前，随着全光网的普及，DSL 技术注定要被淘汰，但目前尚占据相当大的市场份额。

6.6.2　专线接入

专线接入方式主要有 LAN 接入、有线电视网接入和无源光网络（光纤）接入等。

1. 有线电视网接入

CATV 和 HFC 是一种电视电缆技术。有线电视（Cable Television，CATV）网络是由广电部门规划设计的用来传输电视信号的网络，其覆盖面广，用户多。但有线电视网是单向的，只有下行信道，如果要将有线电视网应用于 Internet 业务，则必须对其改造，使之具有双向功能。

混合光纤同轴电缆（Hybrid Fiber Coax，HFC）网络是在 CATV 网络的基础上发展起来的，除可以提供原 CATV 提供的业务外，还能提供数据和其他交互型业务。HFC 是对 CATV 的一种改造，在干线部分用光纤代替同轴电缆作为传输介质。CATV 和 HFC 的一个主要区别是 CATV 只传送单向电视信号，而 HFC 提供双向的宽带传输。

Cable Modem（电缆调制解调器）是一种通过有线电视网络进行高速数据接入的设备，通常有 3 个接头，一个接有线电视插座，另一个接计算机，剩下一个接普通电话。大部分 Cable Modem 是外置式的，通过标准 10BASE-T 以太网卡和双绞线与计算机相连。计算机和 LAN 通过 Cable Modem 接入 Internet。

Modem 一般用来描述电话调制解调器，Modem 的功能是调制（modulates）信号和解调（demodulates）信号。而 Cable Modem 的功能却不限于此。它实际上是一系列的功能复合体，包含调制解调器、转换器、NIC 和 SNMP 代理。

2. LAN 接入

目前，采用局域网（LAN）接入 Internet 的方式比较普遍。特别是随着以太网技术的飞速发展，在光纤已经到小区或大楼的前提下，人们开始考虑将它作为高速宽带接入的一个首选方案。

基于以太网技术的宽带接入网由局侧设备和用户设备组成。局侧设备一般位于小区内，用户侧设备一般位于居民楼内。局侧设备提供与 IP 骨干网的接口，用户侧设备提供与用户终端计算机相接的 10/100 BASE-T 接口。局侧设备具有汇聚用户侧设备网管信息的功能。例如：FTTx+LAN 方案以以太网技术为基础，可用于建设智能化的园区网络，在用户的家中安装以太网 RJ45 信息插座作为接入网络的接口，可提供 10/100 Mb/s 的网络速率。通过 FTTx+LAN 接入技术能够实现"1000 Mb/s 到小区、100 Mb/s 到居民大楼、10 Mb/s 到桌面"，为用户提供信息网络的高速接入。

以太网接入具有性价比高、可扩展性强、容易安装开通以及高可靠性等特点，现已成为企事业单位和个人用户接入的主要方式之一。

此外，还可以采用宽带路由器接入方式。宽带路由器是专门为宽带接入用户提供共享访问的因特网产品，集成了路由器、防火墙、带宽控制和管理等功能，具备快速转发能力、灵活的网络管理和丰富的网络状态等特点。

宽带路由器一般具备 1 个甚至 2 ~ 4 个 WAN 接口，能自动检测或手工设定宽带运营商的接入类型，可支持 ADSL Modem、Cable Modem 的以太网接入 Internet，也支持以太网直接连接小区宽带。

3. 光纤接入

根据接入网室外传输设施中是否含有源设备，光纤接入网分为无源光网络（Passive Optical Network，PON）和有源光网络（Active Optical Network，AON）。

AON 是指从局端设备到用户分配单元之间采用有源光纤传输设备，即光电转换设备、有源光器件以及光纤等。该接入方式的一种形式是光纤到远端单元（FTTR）：从交换机通过光纤用 V5 接口连接远端单元，再经过铜线分配到各用户。这种网络中以光纤代替原有的铜线主干网，提高了复用率，同时采用 V5 接口又省去了数模转换设备。当距离较长时，这种结构的成本反而低于铜线线路的成本，但是这种网络为每个用户提供的带宽有限，不能适应高速业务的需要。有源光纤网络的另外一种形式是有源双星结构 FTTC（ADS-FTTC），该结构中采用有源节点可以降低对光器件的要求，但初期投资较大，且存在供电、维护等问题。

PON 是指光传输段采用无源器件，实现点对多点拓扑的光纤接入网，该方式接入采用无源光分路器将信号分送至用户。由于采用无源分路器所以初期投资较小，大量的费用将在所有带宽业务发展以后支出，但必须采用性能较好、带宽较宽的光设备。

目前光纤接入网几乎都采用 PON 结构，PON 成为光纤接入网的发展趋势，其接入设备主要由光纤路终端、ONT、ONU 组成，由无源光分路器 OLT 的光信号分到树形网络的各个 ONU。一个 OLT 可接多个 ONT 或 ONU，一个 ONT 或 ONU 可接多个用户。PON 技术从 20 世纪 90 年代开始发展，ITU（国际电信联盟）从 APON（155 M）开始，发展 BPON（622 M），以及到 GPON（2.5 G）；同时在 21 世纪初，由于以太网技术的广泛应用，IEEE 也在以太网技术上发展了 EPON 技术。目前用于宽带接入的 PON 技术主要有 EPON 和 GPON，两者采用不同标准。未来会发展出更高带宽，如 EPON/GPON 在技术上发展出 10 G EPON/10 G GPON，带宽得到了更高的提升。

目前，在实际的 FTTx 应用场景中，大多数 EPON/GPON 只配置了以太接口，可选配 POTS 和 2 M 接口。但从技术标准要求上，EPON/GPON 均可实现 IP 业务和 TDM 业务等多业务接入，并可实现 QoS 分类。

EPON/GPON 均可传递时钟同步信号，可通过 OLT 的 STM-1 接口或 GE 接口，从外部线路中提取频率同步信号，此时 OLT 需要支持同步以太网。也可以在 OLT 设备上从外部 BITS 输入时钟信号，作为该 PON 的公共时钟源，ONU 与该时钟源保持频率同步。PON 接入技术如图 6-10 所示。

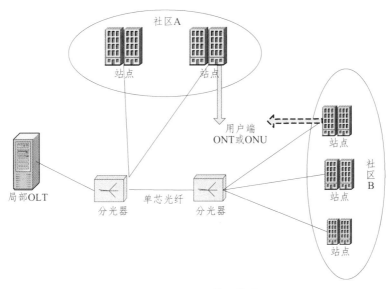

图 6-10　PON 接入技术

6.6.3　无线接入

无线接入技术是指接入网的某一部分或全部使用无限传输媒体，向用户提供移动或固定接入服务的技术。无线接入与任何其他接入方式相类似，同时必须有无线接入网公共设施。无线接入网对实现通信网的"5 个 W"意义重大，即要保证任何人（Whoever）随时（Whenever）随地（Wherever）都能同任何人（Whoever）实现任何方式（Whatever）的通信。无线接入要求在接入的计算机上插入无线接入网卡，得到无线接入网 ISP 的服务，便可实现因特网的接入。

无线接入技术按照使用方式可以分为两种。一种是固定接入方式，如利用微波、卫星和短波的接入形式等。微波接入的典型方式是建立卫星地面站，租用通信卫星的信道与上级 ISP 通信，其单路最高速率为 27 kb/s，可以多路复用，其优点是不受地域限制。卫星通信传输技术是利用卫星通信的多址传输方式，为全球用户提供大范围和远距离的数据通信。与微波技术类似，利用专用的设备也可以接入 Internet，且接入速率和距离都比较理想，但是由于微波有绕射力，所以这种技术适合用于在城市及市郊的中远距离联网。在固定接入方式中，以本地多点分配业务（Local Multipoint Distribution Service，LMDS）为代表的宽带无线固定接入技术是近年来新兴的无线接入技术，越来越受到广泛关注。

在 LMDS 接入方式中，一个基站可覆盖大约 2～10 km 的区域，其工作频段在 24～31 GHz，可用带宽为 1 GHz 以上，可在较近的距离双向传输话音、数据、图像等信息。它的出现大大缓解了目前接入网环境带宽不足的问题。LMDS 将点对多点微波通信（PMP）技术和 ATM 技术有效结合，采用快速动态容量分配（FDCA）的 TDM/TDMA 技术，可以动态地为每个用户提供高达 37 Mb/s 的瞬时速率。

LMDS 采用一种类似蜂窝的服务区结构，将一个需要提供业务的地区划分为若干服务区，每个服务区内设基站，基站设备经点到多点无线链路与服务区内的用户端通信。每个服务区覆盖范围为几千米至十几千米，并可相互重叠。

LMDS 可支持的业务主要面向商业用户和集团用户，适用于业务量集中和用户群集中的地区。目前可提供的业务类型包括高质量话音业务、高速数据业务、模拟和数字视频业务、Internet 接入业务等。

另一种是移动接入方式，如利用手机上网可以进行网页浏览、收发电子邮件等常规的 Internet 服务外，还可以发送短消息、下载铃声和屏保等。由于移动通信技术的快速发展，手机上网的速度由传输速率约 9.6 kb/s（GSM）、115 kb/s（GPRS）、163 kb/s（CDMA），发展到现在利用 TD-SCDMA、WCDMA、CDMA2000 等 3G 网络联网进入 Internet，移动 TD-SCDMA 下行理论峰值是 2.8 Mb/s。

Wi-Fi（Wireless Fidelity，无线保真）接入方式采用 2.4 GHz 波段，最高带宽为 11 Mb/s，在信号较弱或有干扰的情况下，带宽可调整为 5.5 Mb/s、2 Mb/s、1 Mb/s，以保障网络的稳定性和可靠性。Wi-Fi 技术与蓝牙技术一样，同属于在办公室和家庭中使用的短距离无线技术，该技术突出的优势在于无线电波的覆盖范围广，传输速度比较快，厂商进入该领域的门槛比较低，因而目前应用也较为广泛。

6.6.4　几种接入方式的比较

如果用户想使用 Internet 所提供的服务，首先必须将自己的计算机接入 Internet，然后才能访问 Internet 中提供的各类服务与信息资源。网络接入技术是指计算机主机和局域网接入广域网技术，即用户终端与 ISP 的互联技术，也泛指"三网"融合后用户的多媒体业务的接入技术。这与电信网体系结构中的接入网既有概念上的不同，又有技术上的联系。例如，美国拥有完整的 CATV 网和庞大的铜缆资源，在网络接入技术应用方面就充分考虑了发挥现有设施和资源的作用，目前已有想当数量的 CATV 改造为双向传输网络。在欧洲，数字用户线方式已得到广泛应用，面向全业务的无源光网络技术开始进入实用推广阶段，但是在"最后一千米"仍倾向于使用 ADSL 和 VDSL 技术。

从各种网络接入技术本身的特点来看，它们分别有着不同的应用场合和前景。目前用户可以选择的 Internet 接入方式有 PSTN 模拟接入、ISDN 接入、ADSL 接入、Cable Modem 接入、DDN 和 X.25 租用线接入及卫星无线接入等。PSTN、ISDN 和 ADSL 接入都是基于电话线路的，而 Cable Modem 接入则是基于有线电视 HFC 线路的。PSTN 模拟接入速率低，ISDN 尽管可以达到 128 kb/s，但也没有成为主流的接入方式。DDN 和 X.25 租用线接入及卫星无线接入费用高昂，非个人用户所能接受。

用户在选择 Internet 接入方式时，可以从带宽、抗干扰能力、网络基础、国际标准等几方面进行比较。

习　题

一、名词解释

1. 接入网

2. xDSL

3. FTTx

4. PON

5. PSTN

6. SDH

7. OTN

8. FR

9. ISDN

二、简答题

1. 什么是网络互联？网络互联有哪些基本要求？

2. 网络互联主要有哪些方式？

3. 接入网的接口定界是如何定义的？

4. 简述接入网各功能模块的功能。

5. 简述无线接入的概念。无线接入方式有哪几种？

6. 目前 Internet 接入网在技术上比较成熟的主流技术有哪些？现在你上网主要要用的是哪种接入方式？

7. 什么叫广域网，广域网技术的主要特点有哪些？

8. 广域网提供的数据报服务和虚电路服务的区别是什么？

9. 查阅资料，简单介绍我国目前的广域网及技术现状。

第 7 章　网络管理与网络安全技术

7.1　网络管理技术

7.1.1　网络管理概述

网络管理（network management）包括对硬件、软件和人力的使用、综合与协调，以便对网络资源进行监视、测试、配置、分析、评价和控制，这样就能以合理的价格满足网络的一些需求，如实时运行性能、服务质量等。另外，当网络出现故障时能及时报告和处理，并协调、保持网络系统的高效运行等。网络管理常简称为网管。

常见的网络管理协议有 SNMP（Simple Network Management Protocol，简单网络管理协议）、CMIP（Common Management Information Protocol，公共管理信息协议）和 RMON（Remote Network Monitoring，远程监控）。

按照国际标准化组织（ISO）的定义，网络管理是指规划、监督、控制网络资源的使用和网络的各种活动，以使网络的性能达到最优。一般而言，网络管理有五大功能：故障管理、配置管理、性能管理、安全管理和计费管理。

1. 故障管理（fault management）

故障管理是网络管理中最基本的功能之一。用户都希望有一个可靠的计算机网络。当网络中某个组成失效时，网络管理器必须迅速查找到故障并及时排除。通常不大可能迅速隔离某个故障，因为网络故障的产生原因往往相当复杂，特别是当故障是由多个网络组成共同引起的。在此情况下，一般先将网络修复，然后再分析网络故障的原因。分析故障原因对于防止类似故障的再发生相当重要。网络故障管理包括故障检测、隔离和纠正三方面，应包括以下典型功能：

（1）故障报警：接收故障监测模块传来的报警信息，根据报警策略驱动不同的报警程序，以报警窗口/振铃（通知一线网络管理人员）或电子邮件（通知决策管理人员）等方式发出网络严重故障警报。

（2）故障信息管理：依靠对事件记录的分析，定义网络故障并生成故障卡片，记录排除故障的步骤和与故障相关的值班员日志，构造排错行动记录，将事件-故障-日志构成逻辑上相互关联的整体，以反映故障产生、变化、消除的整个过程的各个方面。

（3）排错支持工具：向管理人员提供一系列的实时检测工具，对被管设备的状况进行测试并记录下测试结果以供技术人员分析和排错；根据已有的排错经验和管理员对故障状态的描述给出对排错行动的提示。

（4）检索/分析故障信息：浏览并且以关键字检索查询故障管理系统中所有的数据库记录，定期收集故障记录数据，在此基础上给出被管网络系统、被管线路设备的可靠性参数。

对网络故障的检测依据对网络组成部件状态的监测。不严重的简单故障通常被记录在错误日志中，并不作特别处理；而严重一些的故障则需要通知网络管理器，即所谓的"警报"。一般网络管理器应根据有关信息对警报进行处理，排除故障。当故障比较复杂时，网络管理器应能执行一些诊断测试来辨别故障原因。

2. 配置管理（configuration management）

配置管理相当重要，它完成初始化网络、并配置网络，以使其提供网络服务。配置管理是一组对辨别、定义、控制和监视组成一个通信网络的对象所必要的相关功能，目的是实现某个特定功能或使网络性能达到最优。

（1）配置信息的自动获取：在一个大型网络中，需要管理的设备是比较多的，如果每个设备的配置信息都完全依靠管理人员的手工输入，工作量是相当大的，而且还存在出错的可能性。对于不熟悉网络结构的人员来说，这项工作甚至无法完成。因此，一个先进的网络管理系统应该具有配置信息自动获取功能。即使在管理人员不是很熟悉网络结构和配置状况的情况下，也能通过有关的技术手段来完成对网络的配置和管理。在网络设备的配置信息中，根据获取手段大致可以分为三类：一类是网络管理协议标准的 MIB 中定义的配置信息（包括 SNMP 和 CMIP 协议）；二类是不在网络管理协议标准中定义，但是对设备运行比较重要的配置信息；三类就是用于管理的一些辅助信息。

（2）自动配置、自动备份及相关技术：配置信息自动获取功能相当于从网络设备中"读"信息，相应的，在网络管理应用中还有大量"写"信息的需求。同样根据设置手段对网络配置信息进行分类：一类是可以通过网络管理协议标准中定义的方法（如 SNMP 中的 set 服务）进行设置的配置信息；二类是可以通过自动登录到设备进行配置的信息；三类就是需要修改的管理性配置信息。

（3）配置一致性检查：在一个大型网络中，由于网络设备众多，加上管理的原因，这些设备很可能不是由同一个管理人员进行配置的。实际上，即使是同一个管理员对设备进行的配置，也会由于各种原因导致配置一致性问题。因此，对整个网络的配置情况进行一致性检查是必需的。在网络的配置中，对网络正常运行影响最大的主要是路由器端口配置和路由信息配置。因此，要进行一致性检查的也主要是这两类信息。

（4）用户操作记录功能：配置系统的安全性是整个网络管理系统安全的核心，因此，必须对用户进行的每一配置操作进行记录。在配置管理中，需要对用户操作进行记录，并保存下来。管理人员可以随时查看特定用户在特定时间内进行的特定配置操作。

3. 性能管理（performance management）

性能管理评估系统资源的运行状况及通信效率等系统性能。其能力包括监视和分析被管网络及其所提供服务的性能机制。性能分析的结果可能会触发某个诊断测试过程或重新配置网络以维持网络的性能。性能管理收集分析网络当前状况的数据信息，并维持和分析性能日志。一些典型的功能包括：

（1）性能监控：由用户定义被管对象及其属性。被管对象类型包括线路和路由器；被管对象属性包括流量、延迟、丢包率、CPU 利用率、温度、内存余量。对于每个被管对象，定时采集性能数据，自动生成性能报告。

（2）阈值控制：可对每一个被管对象的每一条属性设置阈值，对于特定被管对象的特定属性，可以针对不同的时间段和性能指标进行阈值设置。可通过设置阈值检查开关控制阈值检查和告警，提供相应的阈值管理和溢出告警机制。

（3）性能分析：对历史数据进行分析、统计和整理，根据计算性能指标对性能状况做出判断，为网络规划提供参考。

（4）可视化的性能报告：对数据进行扫描和处理，生成性能趋势曲线，以直观的图形反映性能分析的结果。

（5）实时性能监控：提供了一系列实时数据采集、分析和可视化工具，用以对流量、负载、丢包、温度、内存、延迟等网络设备和线路的性能指标进行实时检测，可任意设置数据采集间隔。

（6）网络对象性能查询：可通过列表或按关键字检索被管网络对象及其属性的性能记录。

4. 安全管理（security management）

安全性一直是网络的薄弱环节之一，而用户对网络安全的要求又相当高。因此，网络安全管理非常重要。网络中主要有以下几大安全问题。

（1）网络数据的私有性（保护网络数据不被侵入者非法获取）。

（2）授权（authentication）（防止侵入者在网络上发送错误信息）。

（3）访问控制（控制访问控制（控制对网络资源的访问）。

相应的，网络安全管理应包括对授权机制、访问控制、加密和加密关键字的管理，另外还要维护和检查安全日志。网络管理过程中，存储和传输的管理和控制信息对网络的运行和管理至关重要，一旦泄密、被篡改和伪造，将给网络造成灾难性的破坏。

网络管理本身的安全由以下机制来保证。

（1）管理员身份认证：采用基于公开密钥的证书认证机制。为提高系统效率，对于信任域内（如局域网）的用户，可以使用简单口令认证。

（2）管理信息存储和传输的加密与完整性：Web 浏览器和网络管理服务器之间采用安全套接字（SSL）传输协议，对管理信息加密传输并保证其完整性。内部存储的机密信息（如登录口令等）也是经过加密的。

（3）网络管理用户分组管理与访问控制：网络管理系统的用户（即管理员）按任务的不同分成若干用户组，不同的用户组中有不同的权限范围，对用户的操作由访问控制检查，保证用户不能越权使用网络管理系统。

（4）系统日志分析：记录用户所有的操作，使系统的操作和对网络对象的修改有据可查，同时也有助于故障的跟踪与恢复。

5. 计费管理（accounting management）

计费管理记录网络资源的使用，目的是控制和监测网络操作的费用和代价。它对一些公共商业网络尤为重要。它可以估算出用户使用网络资源可能需要的费用和代价，以及已经使用的资源。网络管理员还可规定用户可使用的最大费用，从而控制用户过多占用和使用网络资源。这也从另一方面提高了网络的效率。另外，当用户为了一个通信目的需要使用多个网络中的资源时，计费管理应可以计算其总计费用。

（1）计费数据采集：计费数据采集是整个计费系统的基础，但计费数据采集往往受到采集设备硬件与软件的制约，而且也与进行计费的网络资源有关。

（2）数据管理与数据维护：计费管理人工交互性很强，虽然有很多数据维护由系统自动完成，但仍然需要人为管理，包括交纳费用的输入、联网单位信息维护，以及账单样式决定等。

（3）计费政策制定：由于计费政策经常变化，实现用户自由制定输入计费政策就显得尤其重要。这就需要一个制定计费政策的友好人机界面和完善的实现计费政策的数据模型。

（4）政策比较与决策支持：计费管理应该提供多套计费政策的数据比较，为政策制订提供决策依据。

（5）数据分析与费用计算：利用采集的网络资源使用数据，联网用户的详细信息及计费政策计算网络用户资源的使用情况，并计算出应交纳的费用。

（6）数据查询：为每个网络用户提供自身使用网络资源情况的详细信息，网络用户根据这些信息可以计算、核对自己的收费情况。

7.1.2　网络管理系统

网络管理系统是实现网络管理各种功能的软、硬件系统，它可以是一个计算机系统，也可以是一个网络化系统。

现代计算机网络管理系统主要由 4 个要素组成：若干被管理的代理（managed agents）、至少一个网络管理器（network manager）、一种公共网络管理协议（network management protocol）、一种或多种管理信息库（Management Information Base，MIB）。

其中网络管理协议是最重要的部分，它定义了网络管理器与被管代理间的通信方法，规定了管理信息库的存储结构、信息库中关键字的含义，以及各种事件的处理方法。目前有影响的网络管理协议是 SNMP 和 CMIS/CMIP。它们代表了目前两大网络管理解决方案。其中，SNMP 流传最广，应用最多，获得的支持也最为广泛，已经成为事实上的工业标准。

1. 网络管理系统的分类

网络管理系统软件并没有完全统一的分类标准，总体来说，网络管理软件可以有以下几种分类标准。

1）按照发展历史分类

根据网络管理系统的发展历史，可以划分为三代。

第一代网络管理系统采用最常用的命令行方式，并结合一些简单的网络监测工具，它不仅要求使用者精通网络的原理及概念，还要求使用者了解不同厂商的不同网络设备的配置方法。如路由器和智能交换机中的配置和管理命令。

第二代网络管理系统有着良好的图形化界面，用户无须过多了解设备的配置方法，就能以图形化的方式对多台设备同时进行配置和监控，大大提高了工作效率，但仍然存在由于人为因素造成的设备功能使用不全面或不正确的问题，容易引发误操作。

第三代网络管理系统相对来说比较智能，是真正将网络和管理进行有机结合的软件系统，具有"自动配置"和"自动调整"功能。通常采用 B/S 架构，一方面可实现远程管理，另一方面实现起来非常容易，只要有浏览器即可。对网管人员来说，只要把用户情况、设备情况以及用户与网络资源之间的分配关系输入网络管理系统，系统就能自动地建立图形化的人员与网络的配置关系，并自动鉴别用户身份，分配用户所需的资源。

2）按照管理对象分类

目前常用的网络管理软件可分为两大类，主要根据管理对象划分，即通用网络管理软件和网元（网络设备）管理软件两大类。网元管理软件只管理单独的网元（如交换机、路由器、服务器等），通用网络管理软件的管理目标则是整个网络。

网元管理软件一般由设备厂商提供，各厂商采用专有的管理 MIB 库，以实现对厂商设备本身的细致入微的管理，包括可以显示出厂商设备图形化的面板等。

通用网络管理软件则主要用于掌握全网的状况，作为底层的网管平台服务于上层的网元管理软件等。可提供一个第三方的网管平台，支持对所有 SNMP 设备的发现和监控。可集成厂商设备的私有 MIB 库，实现对全网设备的统一识别和管理，从而避免了厂商专用型网络管理系统无法实现对全网设备的统一管理。用户往往采用多台网管工作站分别安装不同的系统进行分别管理，有利于简化管理和降低成本。

3）按照管理范畴分类

根据网络管理的范畴分类，又可分为对网"路"的管理（即针对交换机、路由器等主干网络进行管理）、对接入设备的管理（即对内部 PC、服务器、交换机等进行管理）、对行为的管理（即针对用户的使用进行管理）、对资产的管理（即统计网络系统软、硬件信息）进行管理等。

4）按照管理功能分类

根据国际标准化组织的定义，网络管理有 5 大功能：故障管理、配置管理、性能管理、安全管理、计费管理。根据网络管理软件产品功能的不同，又可细分为 5 类：网络故障管理软件、网络配置管理软件、网络性能管理软件、网络服务/安全管理软件、网络计费管理软件。不过，其实现在大多数网络管理软件都是以上部分或全部功能的集合，单一功能的比较少见。

2．网络管理系统的功能

网络管理是保障网络可靠运行的最重要手段。网络管理员需要通过网络管理系统对网络进行全面监控。一个功能完善的网络管理系统应具有以下几大功能。

1）显示网络拓扑图

网络管理系统首先应具有联网设备自动发现功能，并通过使用形象的分层视图，建立起网络的布局映像图。

2）端口状态监视与分析

对网络设备的端口状态进行监控及分析是任何一个网管系统都必须具备的关键功能。通过网管系统，网络管理人员可以很方便地得到端口状态的扩展数据、带宽利用、交通统计表、协议信息和其他的网络功效统计表等。

3）网络性能与状态分析

任何一个网管系统都具备灵活的曲线与图表分析能力，使网络管理人员能够很快掌握网络运行状态，并快速记录有关数据，同时可以把分析的结果以文件的形式输出或用于电子表格等其他的数据分析工具。

4）故障诊断和报警

故障诊断及报警是网络管理系统重要的管理功能之一。网络管理系统配置了大量网络管理软件，可对整个网络状况进行快速、全面、智能化的检测，不仅可以判断网络中所有设备的连通或断开情况，而且能够通过检测整个网络的流量分布，判断网络通信的瓶颈位置，以便及时调整网络设备的分布和工作时间，使网络工作在最佳的状态。对网络中故障的诊断是通过网络状态参数的阈值管理，为多种网络设备产生一个警报或事件通知。事件滤波器使事件压缩成有用的信息，以加速故障诊断。

5）简化网络设备操作

在网络管理系统环境下，简化对交换机、路由器等设备的操作管理。

随着网络技术的不断发展，应用水平的不断提高，对网络管理提出了更高的要求，网络管理系统的功能也在不断地增强，网络管理的理念、技术和方法也在不断地创新。总之，通过网络管理系统，最终的目的就是能够提高网络的可用性和可靠性，从而在整体上提高网络运行的效率，降低管理成本。

3．网络管理员

网络管理员，也叫系统管理员，简称网管，是指负责网络及网络服务器的架构设计、安装、配置、运行管理和维护的相关人员。

对网络管理员的要求可以说是大而全，不需要精通，但什么都得懂一些。总结下来，一个合格的网络管理员最好在网络操作系统、网络数据库、网络设备、网络管理、网络安全、应用开发等 6 个方面具备扎实的理论知识和应用技能，才能在工作中做到得心应手，游刃有余。国家职业资格考试资格证对网管员的定义是：从事计算机网络运行、维护的人员应用能力认定。

网络管理员的岗位职责包括：通信机房管理、网络设备管理、网络操作系统管理、网络管理应用系统管理、安全保密管理、信息存储管理、用户服务管理等。

7.1.3 网络管理协议

1. SNMP

SNMP 是英文 "Simple Network Management Protocol" 的缩写，中文意思是 "简单网络管理协议"。SNMP 首先是由 Internet 工程任务组织（Internet Engineering Task Force，IETF）的研究小组为了解决 Internet 上的路由器管理问题而提出的。

SNMP 是目前最常用的网络管理协议。SNMP 被设计成与协议无关，所以它可以在 IP、IPX、AppleTalk、OSI 及其他用到的传输协议上使用。SNMP 是一系列协议组和规范，它们提供了一种从网络上的设备中收集网络管理信息的方法。SNMP 也为设备向网络管理工作站报告问题和错误提供了一种方法。

SNMP 的基本思想就是为不同种类的设备、不同厂家生产的设备、不同型号的设备定义一个统一的接口和协议，使管理员可以用统一的界面对这些需要管理的网络设备进行管理。通过网络，管理员可以管理位于不同物理空间的设备，从而大大提高网络管理的效率，简化网络管理员的工作。

几乎所有的网络设备生产厂家都实现了对 SNMP 的支持。SNMP 是一个从网络上的设备收集管理信息的公用通信协议。设备的管理者收集这些信息并记录在管理信息库（MIB）中。这些信息报告设备的特性、数据吞吐量、通信超载和错误等。MIB 有公共的格式，所以来自多个厂商的 SNMP 管理工具可以收集 MIB 信息，在管理控制台上呈现给系统管理员。通过将 SNMP 嵌入数据通信设备，如交换机和路由器，就可以从一个中心站管理这些设备，并以图形方式查看信息。可获取的很多管理应用程序通常可在当前使用的操作系统下运行。

SNMP 管理的网络主要由 3 部分组成：被管理的设备、SNMP 代理、网络管理系统。它们之间的关系如图 7-1 所示。

网络中被管理的每一个设备的信息都存在于一个管理信息库（Management Information Base，MIB），就是网络管理协议访问的管理对象数据库，用于收集并储存管理信息。通过 SNMP 协议，网管系统能获取这些信息。被管理设备又称为网络单元或网络节点，包括支持 SNMP 协议的路由器、交换机、服务器或者主机等。SNMP 代理是指被管理设备上的一个网络管理软件模块，拥有本地设备的相关管理信息，并用于将它们转换成与 SNMP 兼容的格式，传递给网管系统。网管系统运行应用程序来实现监控被管理设备的功能。另外，网管系统还为网络管理提供大量的处理程序及必需的储存资源。

SNMP 的工作方式：管理员需要向设备获取数据，所以 SNMP 提供了读操作；管理员需要向设备执行设置操作，所以 SNMP 提供了写操作；设备需要在重要状况改变的时候，向管理员通报事件的发生，所以 SNMP 提供了 Trap 操作。

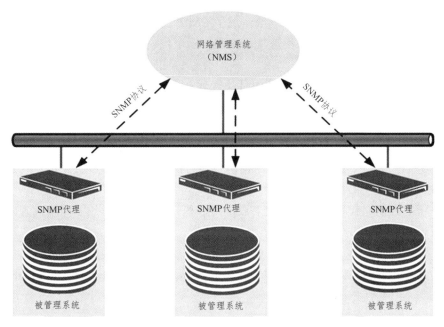

图 7-1　网络管理系统各单元之间的关系

SNMP 采用 UDP 协议在管理端和代理之间传输信息。 SNMP 采用 UDP 161 端口接收和发送请求，162 端口接收 trap，执行 SNMP 的设备都默认采用这些端口。SNMP 消息全部通过 UDP 端口 161 接收，只有 Trap 信息采用 UDP 端口 162。

SNMP 协议目前共有 v1、v2、v3 三个版本。

SNMP v1 是 SNMP 协议的最初版本，提供最小限度的网络管理功能。SNMPv1 的 SMI 和 MIB 都比较简单，且存在较多安全缺陷。

SNMP v2 在兼容 SNMPv1 的同时又扩充了 SNMPv1 的功能：提供了更多的操作类型；支持更多的数据类型；提供了更丰富的错误代码，能够更细致地区分错误。

SNMP v3 是最新版本的 SNMP。它主要在安全性方面进行了增强，采用了 USM 和 VACM 技术。USM 提供了认证和加密功能，VACM 确定用户是否允许访问特定的 MIB 对象及访问方式。

2. CMIP

通用管理信息协议（CMIP）是国际标准化组织（ISO）为了解决不同厂商、不同机型的网络互通而创建的开放系统互联网络管理协议。被认为是网络管理模型的电信管理网（TMN），就是在 CMIP 的基础上建立起来的。CMIP 是构建于开放系统互连（OSI）通信模型上的网络管理协议。与之相关的通用管理信息服务（CMIS）定义了获取、控制和接收有关网络对象和设备信息和状态的服务。

CMIP 在设计上以 SNMP 为基础，对 SNMP 的缺陷进行了改进，是一种更加复杂、更加详细的网络管理协议。它是一个完全独立于下层平台的应用层协议，其 5 个特殊管理功能领域由多个系统管理功能加以支持。相对来说，CMIP 是一个相当复杂和具体的网络管理协议。它的设计宗旨与 SNMP 相同，但用于监视网络的协议数据报文要相对多一些。CMIP 共定义了 11 类 PDU。在 CMIP 中，变量以非常复杂和高级的对象形式出现，每一个变量包含变量属性、变量行为和通知。CMIP 中的变量体现了 CMIP MIB 库的特征，并且这种特征表现了 CMIP 的管理思想，即基于事件而不是基于轮询。每个代理独立完成一定的管理工作。

CMIP 的优点在于：

（1）它的每个变量不仅传递信息，而且还完成一定的网络管理任务。这是 CMIP 协议的最大特点，在 SNMP 中是不可能的。这样可减少管理者的负担并减少网络负载。

（2）安全性。它拥有验证、访问控制和安全日志等一整套安全管理方法。

但是，CMIP 的缺点也同样明显：

（1）它是一个大而全的协议，所以使用时资源占用量是 SNMP 的数十倍。它对硬件设备的要求比人们所能提供的要高得多。

（2）由于它在网络代理上要运行相当数量的进程，所以大大增加了网络代理的负担。

（3）它的 MIB 库过分复杂，难于实现。

CMIP 在 20 世纪 80 年代末推出，并且在开发过程中曾得到美国政府和多家大公司的资助，被寄希望于可以取代 SNMP。但由于在具体实现过程中所存在的问题，CMIP 并没有获得广泛应用。

3. RMON

RMON（Remote Network Monitoring，远端网络监控）最初的设计是用来解决从一个中心点管理各局域分网和远程站点的问题。RMON 规范由 SNMP MIB 扩展而来。RMON 中，网络监视数据包含了一组统计数据和性能指标，它们在不同的监视器和控制台系统之间相互交换。结果数据可用来监控网络利用率，以用于网络规划、性能优化和协助网络错误诊断。

当前 RMON 有两种版本：RMON v1 和 RMON v2。

RMON v1 目前使用较为广泛，它定义了 9 个 MIB 组服务于基本网络监控。

RMON v2 是 RMON 的扩展，专注于 MAC 层以上更高的流量层，它主要强调 IP 流量和应用程序层流量。RMON v2 允许网络管理应用程序监控所有网络层的信息包，这与 RMON v1 不同，后者只允许监控 MAC 及其以下层的信息包。

RMON 主要实现了统计和告警功能，用于网络中管理设备对被管理设备的远程监控和管理。统计功能指的是被管理设备可以按周期或者持续跟踪统计其端口所连接的网段上的各种流量信息，如某段时间内某网段上收到的报文总数，或收到的超长报文的总数等。告警功能指的是被管理设备能监控指定 MIB 变量的值，当该值达到告警阈值时（如端口速率达到指定值，或者广播报文的比例达到指定值），能自动记录日志、向管理设备发送 Trap 消息。

RMON 和 SNMP 都用于远程网络管理，SNMP 是 RMON 实现的基础，RMON 是 SNMP 功能的增强。RMON 使用 SNMP Trap 报文发送机制向管理设备发送 Trap 消息告知告警变量的异常。虽然 SNMP 也定义了 Trap 功能，但通常用于告知被管理设备上某功能是否运行正常、接口物理状态的变化等，两者监控的对象、触发条件以及报告的内容均不同。RMON 使 SNMP 能更有效、更积极主动地监测远程网络设备，为监控子网的运行提供了一种高效的手段。RMON 协议规定达到告警阈值时被管理设备能自动发送 Trap 信息，所以管理设备不需要多次去获取 MIB 变量的值，进行比较，从而能够减少管理设备同被管理设备的通信流量，达到简便而有力地管理大型互联网络的目的。

RMON 允许有多个监控者，监控者可用两种方法收集数据。

第一种方法利用专用的 RMON probe（探测仪）收集数据，管理设备直接从 RMON probe 获取管理信息并控制网络资源。这种方式可以获取 RMON MIB 的全部信息。

第二种方法是将 RMON Agent 直接植入网络设备（路由器、交换机、HUB 等），使它们成为带 RMON probe 功能的网络设施。管理设备使用 SNMP 的基本操作与 RMON Agent 交换数据信息，收集网络管理信息，但这种方法受设备资源限制，一般不能获取 RMON MIB 的所有数据，大多数只收集 4 个组的信息。这 4 个组是：事件组、告警组、历史组和统计组。

RMON 定义了多个 RMON 组，设备实现了公有 MIB 中支持的统计组、历史组、事件组和告警组。

7.2　网络安全技术

随着计算机网络的普及和发展，计算机网络中的安全问题也日趋严重。特别是当互联网成为人类社会活动的一个基础的时候，大量在网络中存储和传输的数据就需要保护，网络安全技术也就越来越重要。因为计算机网络技术属于信息通信技术，所以网络安全技术也可以说属于信息及通信安全技术范畴。而信息通信安全技术的历史比计算机网络的历史还要久远，网络安全技术已发展成为一门专业的学科，涉及的知识较深较广，在这里我们仅对网络安全技术的基本内容进行简单的介绍。

7.2.1　网络安全问题

计算机网络所面临的威胁来自很多方面，而且会随着时间的变化而变化。从宏观上看，这些威胁可分为自然威胁和人为威胁。

自然威胁来自各种自然灾害、恶劣的场地环境、电磁干扰、网络设备的自然老化等。这些威胁是无目的的，但会对计算机网络通信系统造成损害，危及通信安全。

人为威胁是对计算机网络通信系统的人为攻击，通过寻找系统的漏洞，以非授权方式达到破坏、欺骗和窃取数据信息等目的。

两者相比，精心设计的人为攻击威胁难防备、种类多、数量大。

从对信息的破坏性上看，攻击类型可以分为主动攻击和被动攻击。如图 7-2 所示。

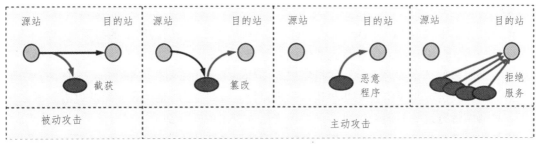

图 7-2　网络攻击行为分类

1. 主动攻击

主动攻击会导致某些数据流的篡改和虚假数据流的产生。这类攻击可分为篡改、恶意程序和拒绝服务。

1）篡改

篡改是指一个合法消息的某些部分被改变、删除，消息被延迟或改变顺序，甚至把完全伪造的报文传给接收方。

2）恶意程序

恶意程序（rogue program）通常是指带有攻击意图的一段程序。这些威胁可以分成两个类别：寄宿程序和独立程序。前者基本上是不能独立于某个实际的应用程序、实用程序或系统程序的程序片段；后者是可以被操作系统调度和运行的自包含程序。

恶意程序的种类繁多，对网络安全威胁较大的主要有以下几种。

计算机病毒（computer virus）：是一种攻击性程序，它会"传染"其他程序，即通过修改其他程序来把自身或其变种复制进被"传染"程序，如此不断进行下去。计算机病毒属于寄宿程序。计算机病毒常都具有破坏性作用，它会破坏用户数据，甚至破坏硬件系统。每当受感染的计算机接触一个没被感染的程序时，病毒就将新的副本传到该程序中。因此，通过正常用户间的交换存储的文件，以及向网络上的另一用户发送文件的行为，感染就有可能从一台计算机传到另一台计算机。在网络环境中，计算机之间的相互访问为病毒的传播提供了滋生的基础。很多人把恶意程序都叫作计算机病毒。我们在进行专业学习时，需要在概念上根据它们不同的特点做细致的分类。

蠕虫（worm）：一种通过计算机网络的通信功能将自身从一个结点复制发送到另一个结点并自动运行的程序。它可以无限制地复制感染下去，严重地占用计算机系统和计算机网络通信资源。

特洛伊木马（Trojan horse）：特洛伊木马是一个有用的或者表面上有用的程序，它包含了一段隐藏的、激活时进行某种不想要的或者有害的功能的代码。它的危害性是可以用来非直接地完成一些非授权用户不能直接完成的功能。它可以悄悄地删除用户文件，甚至帮助恶意入侵者获取系统控制权。

逻辑炸弹（logic bomb）：一种当运行环境满足某种特定条件时执行其特殊功能的程序。它是在病毒和蠕虫之前最古老的恶意程序威胁之一。逻辑炸弹一旦触发，它的危害主要表现为改变或删除用户文件，或者完成某种特定的破坏工作。

3）拒绝服务

拒绝服务即常说的DoS（Deny of Service），是指攻击者向因特网上的某个服务器不停地发送大量分组，使因特网或服务器无法提供正常服务。如果从因特网上的多台计算机同时集中攻击一个服务器，则称之为分布式拒绝服务（Distributed Denial of Service，DDoS）。

拒绝服务攻击即是攻击者想办法让目标机器停止提供服务，是黑客常用的攻击手段之一。其实，对网络带宽进行的消耗性攻击只是拒绝服务攻击的一小部分，只要能够对目标造成麻烦，使某些服务被暂停甚至主机死机，都属于拒绝服务攻击。拒绝服务攻击问题一直得不到合理的解决，究其原因是因为网络协议本身的安全缺陷，从而拒绝服务攻击也成为攻击者的终极手法。攻击者进行拒绝服务攻击，实际上让服务器实现两种效果：一是迫使服务器的缓冲区满，不接收新的请求；二是使用 IP 欺骗，迫使服务器把非法用户的连接复位，影响合法用户的连接。

最常见的拒绝服务攻击有计算机网络带宽攻击和连通性攻击。

带宽攻击指以极大的通信量冲击网络，使得所有可用网络资源都被消耗殆尽，最后导致合法的用户请求无法通过。

连通性攻击指用大量的连接请求冲击计算机，使得所有可用的操作系统资源都被消耗殆尽，最终计算机无法再处理合法用户的请求。

常用攻击手段有：同步洪流、Ping 洪流等等。

2．被动攻击

被动攻击是指攻击者从网络上窃听他人的通信内容。通常把这类攻击称为截获。在被动攻击中，攻击者只是观察和分析某一个协议数据单元而不干扰信息流。即使这些数据对攻击者来说是不易理解的，他也可以通过观察协议数据单元的控制信息部分，了解到通信双方所交换数据的部分信息。

7.2.2　网络安全目标和方法

1．网络安全目标

根据网络攻击的特点，可得出计算机网络通信安全的目标如下。
（1）防止恶意程序。
（2）防止报文内容泄露。
（3）检测拒绝服务攻击。
（4）检测伪造报文。

2．网络安全方法

针对络攻击威胁，须加强措施防范。对付主动攻击，需采用数据加密技术和鉴别技术相结合的手段。对付被动攻击，则采用数据加密技术。

1）保密技术

为用户提供安全可靠的保密通信是计算机网络安全最为重要的内容。尽管计算机网络安全不仅仅局限于保密性，但不能提供保密性的网络肯定是不安全的。保密技术成为计算机网络所有安全机制的基础。保密技术的基础是信息密码学。我们在后面探讨学习。

2）安全协议

计算机网络发展起来之后，计算机网络安全的问题才越来越突出。随着因特网及其应用的普及，人们越来越重视安全问题，希望能设计出一种安全的计算机网络。但不幸的是，网络的安全性是不可判定的。计算机网络，特别是因特网设计之初的一个很重要的目标就是开放性，是追求互联互通和共享交流的，而开放和安全是相互制约的。所以目前在安全协议的设计方面，主要是针对具体的攻击来设计防御性的安全通信协议。如何设计一种安全的协议，目前的方法只能是尽可能地利用经验来减少协议的漏洞。或者在现有基础上针对某种严重攻击行为做针对性防范和打补丁。

3）访问控制

访问控制即对接入网络的权限加以控制，并规定每个用户的权限。访问控制可分为自主访问控制和强制访问控制两大类。

自主访问控制，是指由用户有权对自身所创建的访问对象（文件、数据表等）进行访问，并可将对这些对象的访问权授予其他用户和从授予权限的用户收回其访问权限。

强制访问控制，是指由安全系统对用户所创建的对象进行统一的强制性控制，按照规定的规则决定哪些用户可以对哪些对象进行什么样操作系统类型的访问，即使用户是创建者，在创建一个对象后，也可能无权访问该对象。

通过合理的访问控制可实现：

（1）防止非法的主体进入受保护的网络。

（2）允许合法用户访问受保护的网络。

（3）防止合法的用户对受保护的网络进行非授权的访问。

因为网络是一个非常复杂且拥有众多用户的系统，所以设计其访问控制机制要繁琐得多。

7.2.3 密码技术

计算机网络安全的内容都与密码技术密不可分。数据加密已经广泛应用在我们的通信中。密码技术是研究如何隐秘地传递信息的技术，在计算机应用之前已经广泛应用于人类的通信活动中，并形成了一个专门的学科：密码学。密码学在现代特别指对信息及其传输的数学性研究，常被认为是数学和计算机科学的分支，和信息论也密切相关。

密码技术的首要目的是隐藏信息的含义，并不是将隐藏信息的存在。密码技术也促进了计算机科学技术的发展，特别是计算机网络安全技术的发展，如访问控制与信息的保密性。

密码学分为密码编码学和密码分析学。密码编码学是密码体制的设计学。密码分析学是指在未知密钥的情况下，从密文推出明文或密钥的技术

在汉语中，计算机系统或网络使用的个人账户口令（password）也常被称作密码或口令。这些都不是密码学中所说的密钥（钥匙），在这里我们需要加以区分。

1. 一般的数据加密模型

数据加密指通过加密算法和加密密钥将明文转变为密文，而解密则是通过解密算法和解密密钥将密文恢复为明文。它是密码学在计算机网络通信安全中最基础的应用。

一般的数据加密模型如图 7-3 所示。用户 A 向 B 发送明文 X，通过加密算法 E 运算后，得出密文 Y。密文 Y 在网络上传输，在传输过程中，即使密文被非法分子偷窃获取，得到的

也只是无法识别的密文，从而起到数据保密的作用。最后在接收端利用解密算法 *D* 和解密密钥 *K*，运算出原来的明文 *X*。

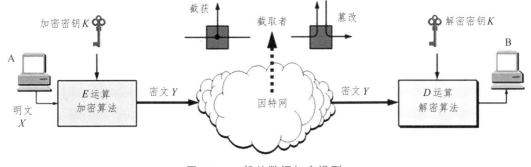

图 7-3　一般的数据加密模型

图示的加密和解密用的密钥 *K*（key）是一串秘密的字符串（即比特串）。

2. 密码体制

密码体制是完成加密和解密的算法。通常，数据的加密和解密过程是通过密码体制、密钥来控制的。密码体制必须易于使用。密码体制的安全性依赖于密钥的安全性。在无任何限制的条件下，目前几乎所有实用的密码体制都是可破解的。因此，人们关心的是要研制出在有限时间空间内，计算上（而不是理论上）不可破解的密码体制。即如果一个密码体制中的密码，不能在一定时间内被可以使用的计算资源破解，我们就认为这一密码体制在计算上是安全的。

密码体制分为对称密钥密码体制（对称加密）和公开密钥密码体制（非对称加密）。

（1）对称密钥密码体制是一种传统密码体制，也称为私钥密码体制。在对称加密系统中，加密和解密采用相同的密钥，所以叫对称加密。因为加解密密钥相同，需要通信的双方必须选择和保存他们共同的密钥，各方必须信任对方不会将密钥泄密出去，这样就可以实现数据的机密性和完整性。比较典型的算法有 DES（Data Encryption Standard，数据加密标准）算法和欧洲的 IDEA 等。

对称密码算法的优点是计算开销小，加密速度快，是目前用于信息加密的主要算法。它的局限性在于它存在着通信的贸易双方之间确保密钥安全交换的问题。

（2）公开密钥密码体制（又称为公钥密码体制）使用不同的加密密钥和解密密钥，所以也叫非对称加密。该技术的诞生有两个方面的原因：一是私钥密码体制的密钥分配问题；二是对数字签名的需求。在公钥密码体制中，加密和解密是相对独立的，加密和解密会使用两把不同的密钥，加密密钥（公开密钥）向公众公开，谁都可以使用，解密密钥（秘密密钥）只有解密人自己知道，非法使用者根据公开的加密密钥无法推算出解密密钥，顾其可称为公钥密码体制。公钥密码体制的算法中最著名的代表是 RSA 算法（RSA 是算法的三个发明者姓名的首字母）。

公钥加密体制除了用于数据加密外，还可用于数字签名。如果一个人选择并公布了他的公钥，另外任何人都可以用这一公钥来加密传送给那个人的消息，最后解密通过私钥来完成。因为私钥是秘密保存的只有他自己知道，所以这样也可以实现数字签名，即通过私钥加密明文完成签名，其他人通过对应的公钥解密出明文即完成核实签名。数字签名的过程如图 7-4 所示。

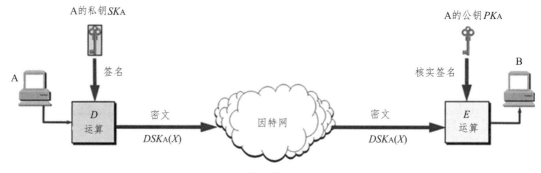

图 7-4　数字签名的实现

公钥密钥的密钥管理比较简单，并且可以方便地实现数字签名和验证。但算法复杂，加密数据的速率较低。

公钥加密体制可实现信息安全的几个主要目标。

（1）机密性（confidentiality）：保证非授权人员不能非法获取信息，通过数据加密来实现。

（2）身份认证（authentication）：保证对方属于所声称的实体，通过数字签名来实现。

（3）数据完整性（data integrity）：保证信息内容不被篡改，入侵者不可能用假消息代替合法消息，通过数字签名来实现。

（4）不可抵赖性（nonrepudiation）：发送者不可能事后否认他发送过消息，消息的接受者可以向中立的第三方证实所指的发送者确实发出了消息，通过数字签名来实现。

7.2.4　因特网安全协议

随着因特网的发展，安全问题越来越突出，所以在因特网中，应用了越来越多的安全协议。

1. IPsec

IPSec（Internet Protocol Security，Internet 协议安全性）是 IETF 的 IPSec 小组建立的一组 IP 安全协议集。IPSec 定义了在网际层使用的安全服务，其功能包括数据加密、对网络单元的访问控制、数据源地址验证、数据完整性检查和防止重放攻击。它为 Internet 上传输的数据提供了高质量的、可互操作的、基于密码学的安全保证。

IPsec 协议不是一个单独的协议，它给出了应用于 IP 层上网络数据安全的一整套体系结构，包括网络认证协议 AH（Authentication Header，认证头）、ESP（Encapsulating Security Payload，封装安全载荷）、IKE（Internet Key Exchange，因特网密钥交换）和用于网络认证及加密的一些算法等。其中，AH 协议和 ESP 协议用于提供安全服务，IKE 协议用于密钥交换。

所有使用 IP 协议进行数据传输的应用系统和服务都可以使用 IPsec，而不必对这些应用系统和服务本身做任何修改。IPsec 对数据的加密是以数据包为单位的，而不是以整个数据流为单位，这不仅灵活而且有助于进一步提高 IP 数据包的安全性，可以有效防范网络攻击。

IPsec 协议工作在 OSI 模型的第三层，使其在单独使用时适于保护基于 TCP 或 UDP 的协议。这就意味着，与传输层或更高层的协议相比，IPsec 协议必须处理可靠性和分片的问题，这同时也增加了它的复杂性和处理开销。

2. SSL 和 TLS

SSL（Secure Sockets Layer，安全套接层）及其继任者传输层安全（Transport Layer Security，TLS）是为网络通信提供安全及数据完整性的一种安全协议。TLS 与 SSL 在传输层对网络连接进行加密。

SSL 协议是 Netscape 公司在 1994 年开发的安全协议，广泛应用于万维网的各种网络应用（不限于万维网应用）。SSL 作用在系统应用层的 HTTP 和传输层之间，在 TCP 上建立起一个安全通道，为通过 TCP 传输的应用层数据提供安全保障。

1995 年 Netscape 公司把 SSL 转交给 IETF，希望能够把 SSL 进行标准化。于是 IETF 在 SSL 3.0 的基础上设计了 TLS，为所有基于 TCP 的网络应用提供安全数据传输。

SSL 提供的安全服务可以归纳如下。

（1）认证用户和服务器，确保数据发送到正确的客户机和服务器。

（2）加密数据以防止数据中途被窃取。

（3）维护数据的完整性，确保数据在传输过程中不被改变。

3. HTTPS

HTTPS（Hyper Text Transfer Protocol over Secure Socket Layer，安全套接字层超文本传输协议），是以安全为目标的 HTTP 通道，简单讲是 HTTP 的安全版。即 HTTP 下加入 SSL 层，HTTPS 的安全基础是 SSL，因此加密的详细内容就需要 SSL。网景通信公司在 1994 年创建了 HTTPS，并应用在网景导航者浏览器中。最初，HTTPS 是与 SSL 一起使用的。在 SSL 逐渐演变到 TLS 时，最新的 HTTPS 也由在 2000 年 5 月公布的 RFC 2818 正式确定下来。现在 HTTPS 被广泛应用于万维网上的安全敏感通信，如交易支付方面。

HTTP 协议被用于在 Web 浏览器和网站服务器之间传递信息。HTTP 协议以明文方式发送内容，不提供任何方式的数据加密，如果攻击者截取了 Web 浏览器和网站服务器之间的传输报文，就可以直接读懂其中的信息。因此，HTTP 协议不适合传输一些敏感信息，如信用卡号、密码等。

为了解决 HTTP 协议的这一缺陷，需要使用另一种协议：HTTPS。为了数据传输的安全，HTTPS 在 HTTP 的基础上加入了 SSL 协议，SSL 依靠证书来验证服务器的身份，并为浏览器和服务器之间的通信加密。

HTTPS 和 HTTP 的区别主要为以下 4 点.

（1）HTTPS 协议需要到 CA 申请证书。

（2）HTTP 是超文本传输协议，信息是明文传输，HTTPS 则是具有安全性的 SSL 加密传输协议。

（3）HTTP 和 HTTPS 使用的端口不一样，前者是 80，后者是 443。

（4）HTTP 的连接很简单，是无状态的；HTTPS 协议是由 SSL+HTTP 协议构建的可进行加密传输、身份认证的网络协议，比 HTTP 协议更安全。

7.2.5　防火墙

网络攻击已经成为当今计算机网络安全最严重的威胁之一。防火墙（firewall）技术作为一种访问控制技术，通过严格控制进出网络边界的数据分组，禁止任何不必要的通信，从而减少潜在入侵的发生，尽可能降低网络攻击这类威胁所带来的安全风险，但防火墙不可能阻止所有入侵行为。

所谓防火墙指的是一个由软件和硬件设备组合而成、在内部网和外部网之间、专用网与公共网之间的界面上构造的保护屏障，是一种获取安全性方法的形象说法。它是一种计算机硬件和软件的结合，使 Internet 与 Intranet 之间建立起一个安全网关（security gateway），从而保护内部网免受非法用户的侵入，防火墙主要由服务访问规则、验证工具、包过滤和应用网关 4 个部分组成。防火墙其实就是一种隔离技术，通过网络边界流入流出的所有网络通信数据包均要经过此防火墙。接入控制策略是由使用防火墙的单位自行制订的，为的是可以适合本单位的需要。防火墙内的网络称为"可信的网络"（trusted network），而将外部的因特网称为"不可信的网络"（untrusted network）。防火墙可用来解决内联网和外联网的安全问题。

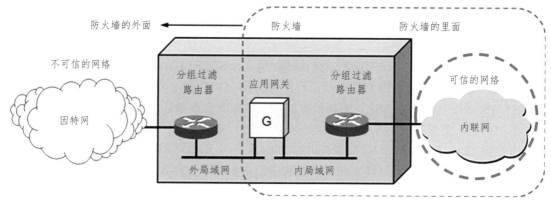

图 7-5　防火墙在网络中的位置

防火墙有网络防火墙和计算机防火墙两种提法。

网络防火墙是指在外部网络和内部网络之间设置的防火墙。网络防火墙常常是一种特殊编程的路由器。

计算机防火墙是指在外部网络和用户计算机之间设置的防火墙。计算机防火墙也可以是用户计算机的一部分，大多是计算机上的安全软件系统。

不管是网络防火墙还是计算机防火墙，它们的目的是一样的，就是保护内部网络或用户计算机系统免受非法攻击的侵害。

第 8 章　实训练习

8.1　实训 1：常用网络命令

8.1.1　实训目的

（1）掌握常用网络命令的基本用法。
（2）掌握各种网络命令的语法格式。
（3）了解 FTP 服务器在 DOS 下的使用方式。

8.1.2　实训环境

（1）在网络实验室进行。
（2）在 windows 操作系统环境下调出命令提示符窗口。
（3）两个人为一组测试命令的连通性。

8.1.3　实训理论基础

1. 命令提示符

　　虽然目前的 windows 操作系统已经抛弃了 DOS 系统，但仍然提供对命令行控制台的支持，命令行中的很多命令在用法上与 DOS 命令相似，很多命令与图形界面浑然一体，甚至有的命令还可以直接访问注册表信息。网络中的很多常用命令需要在命令提示符下完成，我们可以把命令提示符看作是图形界面的补充部分。在"开始→运行"中嵌入 CMD 命令即可进入命令提示符状态，也可以"开始→程序→附件→命令提示符"方式进入。

　　相关知识：DOS 是微软公司早起开发的一类操作系统，DOS 是英文 Disk Operating System 的缩写，意思是磁盘操作系统，以命令的方式对计算机软、硬件资源进行管理。

2．FTP

FTP 是网络中使用的文件传输协议，其功能是将文件从一台计算机传送到另一台计算机，平时上网上传与下载文件均使用该协议。登录一个已经配置好的 FTP 服务器，首先要知道该服务器的地址与端口，再用 FTP 命令在服务器上做相应操作。

8.1.4　实训内容和步骤

1．ping 命令

ping 命令是用来测试网络连接状况及收发数据包的常用命令。其工作原理为：网络上的机器都有唯一确定的 IP 地址，我们利用所知道的目标 IP 地址给对方主机发送一个数据包，对方就要返回一个同样大小的数据包。根据返回值可以判断目标主机是否存在。

ping 命令格式：ping[-t] [-a] [-n] [-1] IP 地址/主机名/域名

参数的含义如下。

-t：不间断地 ping 对方主机，直到用户按"Ctrl+C"组合键强行终止。

-a：将目标主机 IP 地址转换为机器名称。

-n：向主机发送数据包个数，默认为 4 个。

-1：发送数据包的大小，默认为 32 个字节，最大数据为 65 500 字节。

2．netstat 命令

该命令功能为统计当前 TCP/IP 的网络连接。可以显示当前正在活动的网络连接的详细信息，如网络连接、路由表、网络接口等。该命令在 TCP/IP 安装后方可使用。

netstat 命令格式：netstat　[-a] [-e] [-n] [-s] [-p] [-r]

参数的含义如下。

-a：显示所有的连接和侦听端口。该参数可以显示出当前计算机所开放的 TCP 和 UDP 端口。

-e：显示以太网统计。

-n：以数字格式显示地址和端口号。

-s：显示每个协议的统计。

-p：显示指定协议的连接，如 TCP、UDP 或 IP 。

-r：列出当前的路由信息。

该命令可以用-na 参数显示本机端口的开放及连接情况。

3．tracect 命令

tracect 命令用来显示数据包到达目标主机所经过的路径及到达每个节点的时间。

tracect 命令格式：tracect　[-w] [-j] IP 地址/域名

参数的含义如下。

-w：指定超时时间是间隔，默认的时间单位为毫秒（ms）。

-j：按照主机列表中的地址释放源路由。

4. net start 命令

net start 命令可以开启主机上的某项服务，当你的主机和远程主机连接后，如果发现他的某项服务没有启动，可以利用该命令开启。

net start 命令格式：net start 服务名称。

如开启系统中的计划任务：net start Schedule。

5. net stop 命令

net stop 命令可以关闭系统上的某项服务，该命令与 net start 命令相对应。

6. net user 命令

net user 是查看和账户有关的命令，包括新建账户、删除账户、激活账户，以及禁用账户。如果该命令不加任何参数，则显示该系统下所有用户。

net user 命令格式：net user[用户名] [密码] [/add] [/del] [/actives：yes] [/active：no]。

参数含义如下。

/add：在系统中添加账户。

/del：在系统中删除用户。

/actives:yes：激活系统中某个用户。

/active:no：禁用系统中某个用户。

例如，在系统中新建 ABC 用户，密码为 1234，命令可以写成：net user ABC 1234/add。

7. net accounts 命令

net accounts 命令用于更新账号及数据库、更改密码及所有账号的登录要求。如果该命令不加任何参数，则显示当前密码设置、登录时限、域信息，以及操作系统类型。

8. net localgroup 命令

net localgroup 命令用于查看所有和用户组有关的信息，还可以添加、显示或更改本地用户组。如果该命令不添加任何参数，则列出当前所有的用户组。

net localgroup 命令格式：net localgroup [用户组] [用户名] [/add] [/del]。

参数的含义如下。

/add ：把指定用户添加到指定用户组中。

/del：把指定用户从指定用户组删除。

例如，把 guest 用户添加到 administrators 用户组中，可以键入：net localgroup administrators guest/add。

9. net time 命令

net time 命令用于查看远程主机当前的时间。

net time 命令格式：net time \\IP 地址。

例如，用 net time \\172.16.11.50 查看 IP 地址为 172.16.11.50 的远程主机的系统时间。

10. FTP 命令

FTP 是用来与服务器之间进行文件传输的协议，要登录到一个 FTP 服务器，首先要知道目标 FTP 服务器的地址与端口。在命令行里输入 OPEN IP 地址，然后可以根据提示输入账号和密码即可登录。输入的密码不会显示出来，匿名 FTP 账号用户名为 anonymous，口令为空，以下介绍登录到 FTP 服务器后常用的一些命令。

dir：用于查看服务器上的文件。

cd：进入某个文件夹。

get：下载文件到本地机器。

put：上传文件到远程服务器。

quit：退出当前连接。

8.2 实训 2：网线的制作与测试

8.2.1 实训目的

（1）掌握标准 EIA/TIA 568A 与 EIA/TIA 568B 网线的线序。

（2）掌握第 5 类双绞线的直通线和交叉线的制作方法。

（3）了解局域网中双绞线的连接方法。

8.2.2 实训环境

（1）在网络实验室或教室进行。

（2）每人一根长度为 1.5 m 的第 5 类 UTP 非屏蔽双绞线。

（3）每人 3 个 RJ-45 网线压线钳。

（4）每组一个双绞线测线器。

8.2.3 实训理论基础

1. 水晶头

RJ-45 类型插头之所以被称为"水晶头"，主要是因为它的外表晶莹透亮而得名。RJ-45

接口是连接非屏蔽双绞线的连接器，为模块式插孔结构。RJ-45 接口前端有 8 个凹槽，简称 8P（Position），凹槽内的金属接点共有 8 个，简称 8C（Contact），因而也有 8P8C 的别称。在所有网络产品中，水晶头应该是最小的设备，但却起着十分重要的作用。

相关知识：RJ 是 Registered Jack（注册插孔）的英文缩写，是美国 EIA/TIA（电子/信工业协会）确立的一种以太网连接器的接口标准，分为 RJ-11 4 芯电话线连接插头和 RJ-45 8 芯以太网连接插头。

2．压线钳

制作网线需要用到专用的压线钳，压线钳包括剥线钳、压线口、剪线钳等主要部分。

3．测线器

为了确保网线压制正确，可以将网线的两头分别插入测线器的子端与母端，开启测线仪开关查看网线是否通。

8.2.4　实训内容和步骤

1．EIA/TIA 568A、EIA/TA 568B 的线序标准

双绞线的制作方法有两种国际标准，分别为 EIA/TIA 568A 和 EIA/TIA 568B。而双绞线的连接方法也主要有两种，分别为直通线缆和交叉线缆。简单地说，直通线缆就是水晶头两端都采用 EIA/TIA 568A 标准或者 EIA/TIA 568B 的接法，而交叉线缆则是水晶头一端采用 EIA/TIA 568A 的标准制作，另一端采用 EIA/TIA 568B 的标准制作，即 A 水晶头的 1、2 对应 B 水晶头的 3、6，而 A 水晶头的 3、6 对应 B 水晶头的 1、2（见表 8-1）。

表 8-1　EIA/TIA 568A 和 EIA/TIA 568B 标准线序

引脚号	1	2	3	4	5	6	7	8
EIA/TIA 568A	绿白	绿	橙白	蓝	蓝白	橙	棕白	棕
EIA/TIA 568B	橙白	橙	绿白	蓝	蓝白	绿	棕白	白

2．LAN 中网线连接规则

（1）异型设备相连用"直通线"，即两端 RJ-45 头均为 EIA/TIA 568B，如交换机或 Hub 与计算机相连。

（2）同性设备相连用"交叉线"，即两端 RJ-45 头分别为 EIA/TIA 568A 和 EIA/TIA 568B，如计算机与计算机或路由器与路由器相连。

3．直通线操作步骤

（1）剥线。用卡线钳剪刀口将双绞线端口剪齐，再将双绞线端头伸入剥线刀口，使线头

触及前挡板，然后适度紧握卡线钳同时慢慢旋转双绞线，让刀口划开双绞线的保护胶皮，取出端头剥去保护胶皮，剥线长度为 13 ~ 15 mm。

网线压线钳挡位离剥线刀口长度通常恰好为水晶头长度，这样可以有效避免线过长或过短。剥线过长一方面不美观，另一方面因网线不能被水晶头卡住，容易松动；剥线过短，因有包皮存在，太厚，不能完全插到水晶头底部，造成水晶头插针不能与网线完好接触。

（2）排序。剥去外包皮后即可见到双绞线网线的 4 对 8 条芯线，并且可以看到每对线的颜色都不同。每对缠绕的芯线是由一种染有相应颜色的芯线加上一条只染有少许相应颜色的花白芯线组成。4 条全色芯线的颜色为：棕色、橙色、绿色、蓝色。每对线都是相互缠绕在一起的，制作网线时必须将 4 个线对的 8 条细导线一一拆开、理顺、捋直，然后按照规定的线序排列整齐，将其整理平行，从左到右按 EIA/TIA 568B 的线序平行排列，整理完毕后将前端修齐。

（3）插线。一只手捏住水晶头，将水晶头有弹性的一侧向下，另一只手捏平双绞线，稍用力将排好的线平行插入水晶头内的线槽中，8 条导线顶端插入线槽顶端。

（4）压线。确认八条线都到位后，将水晶头放入卡线钳夹槽中，用力捏几下压线钳，压紧线头即可。

（5）检测。用双绞线测线器进行测试，将双绞线两端分别插入测线器的信号发射器和信号接收器，打开电源。如果网线制作成功，则发射器和接收器上对应的指示灯会从 1 号到 8 号依次亮起来，否则次双绞线制作错误。

4. 交叉线操作步骤

（1）剥线。制作方法同直通线。

（2）排序。双绞线一端执行 EIA/TIA 568A 标准，另一端执行 EIA/TIA 568B 标准。制作时一端按照 EIA/TIA 568A 的线序排列，另一端按照 EIA/TIA 568B 线序排列。或两端直接按照 EIA/TIA 568A 标准排序，将其中一端的 1—3 引脚对调，2—6 引脚对调。整理完毕后用压线钳将前端修齐。

（3）插线。制作方法同直通线。

（4）压线。制作方法同直通线。

（5）检测。将双绞线两端分别插入信号发射器和信号接收器，打开电源。如果网线制作成功，则发射器和接收器上同一条直线对应的指示灯会亮起来，在 EIA/TIA 568B 端亮灯的顺序为 1—2—3—4—5—6—7—8，在 EIA/TIA 568A 端亮灯的顺序为 3—6—1—4—5—2—7—8 号。

8.2.5 实训思考题

（1）如果双绞线两端的线序发生同样的错误，网线还能够连通吗？为什么？

（2）在路由器与路由器的连接中，选择哪一类网线进行连接？

8.3　实训 3：Packet Tracer 使用和练习

8.3.1　实训目的

（1）了解数据通信模拟器 Packet Tracer。
（2）掌握 Packet Tracer 的基本操作。
（3）掌握在模拟环境下搭建小型局域网。
（4）掌握常用的网络应用服务的配置。

8.3.2　实训环境

（1）在网络实验室进行。
（2）每人一台计算机。
（3）计算机安装 Packet Tracer。

8.3.3　实训理论基础

Packet Tracer 是由 Cisco 公司发布的一个辅助学习工具，为学习思科网络课程的初学者设计、配置、排除网络故障提供了网络模拟环境。用户可以在软件的图形用户界面上直接使用拖曳方法建立网络拓扑。Packet Tracer 提供数据包在网络中的详细处理过程，以便学生观察网络实时运行情况，学习 IOS 的配置，锻炼故障排查能力。

在通信专业学习中，实验是学习过程中最重要的组成部分，然而搭建实验设备不仅成本极高，占用场地，而且难以满足所有学生自由自主练习的需要。所以现在出现了很多在计算机终端上的模拟学习软件，学生通过学习软件就可以搭建接近真实的实验场景，方便地解决上述问题。Cisco Packet Tracer 就是其中一个较优秀的模拟器软件，该软件非常适合数据通信初学者使用。因为该软件可以方便地观察数据分组在搭建的拓扑中的具体传输过程，所以就叫作 Packet Tracer。

虽然 Packet Tracer 不能完全替代真正的设备，但它可以实现设备的命令行操作；能模拟搭建一个通信网络；能模拟网络系统功能，辅助排除网络故障；能让学生积累网络设备管理和配置的工作经验。

Packet Tracer 提供了思科公司的多种类型、不同型号的虚拟网络设备，如多系列的路由器、交换机、网络终端，以及无线设备等。Packet Tracer 还支持真实网络设备的配置界面，也提供了方便的图形化配置界面。Packet Tracer 发展了很多版本，新版本支持新的操作系统，支持更多的硬件设备，支持更多的功能。

8.3.4　实训内容和步骤

1.　Packet Tracer 的安装

Packet Tracer 的安装非常简单，双击安装程序，一直单击"下一步"，即可完成该软件的安装，并在桌面上生成一个名为"Cisco Packet Tracer"的快捷图标。

在这里我们选择安装 Packet Tracer 6.2 版本，安装之后默认为英文版，其界面为全英文方式，学生学习建议用全英文方式，以习惯全英文的命令行配置。当然也可以选择汉化。如果需要汉化，需先下载一个汉化插件"Chinese.ptl"。然后启动 Packet Tracer，打开"Options"选项，选择第一项"Preferences"（见图 8-1），在"Interface"的选项卡下面有个"Select Language"，在下面的框里选择"Chinese.ptl"然后点击右下角的"Change Language"，重启软件即可（见图 8-2）。

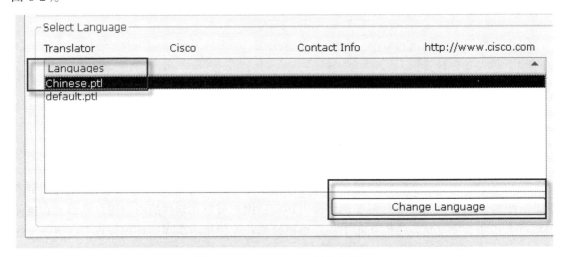

图 8-1　Packet Tracer 汉化步骤 1

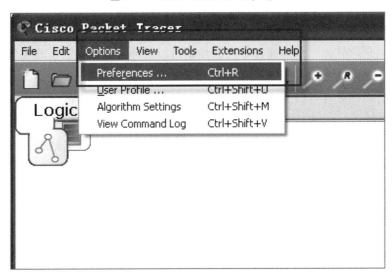

图 8-2　Packet Tracer 汉化步骤 2

2．Packet Tracer 工作界面介绍

启动 Packet Tracer 应用程序，即可显示如图 8-3 所示工作界面。该界面大致可分为 6 个操作功能区，分别是程序基本操作区、工作区、设备区、设备操作区、运行模式切换区和连通信息显示区。

程序基本操作区：Packet Tracer 是一个 Windows 平台的应用程序，所以具有一般应用程序所必备的一些基本操作栏，如标题栏、菜单栏、工具栏。Packet Tracer 可生成和保存扩展名为 ".pkt" 的文件。

工作区：Packet Tracer 的核心区。有两种显示方式，分别为逻辑方式和物理方式，默认为逻辑方式。我们在后续学习中也主要采用逻辑方式。

设备区：在这里可以看到 Packet Tracer 提供的各种网络设备，如路由器、交换机等。选择设备时，先点击设备区左侧的某种设备，如路由器。这时右侧会显示 Packet Tracer 提供的各种型号的路由器。根据需要单击拖动某个型号的路由到工作区。这样就完成了设备的选择。线缆选择时，单击选择所需线缆，然后在工作区单击选择需要连接的设备，并选择连接的设备端口。

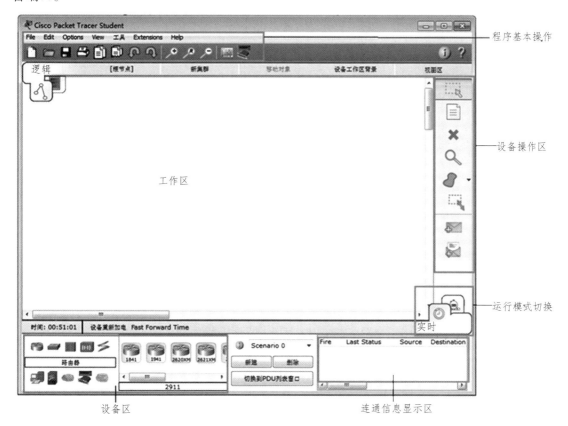

图 8-3　Packet Tracer 工作界面

运行模式切换区：Packet Tracer 提供了两种网络运行模式，实时模式和模拟模式。实时（realtime）模式与配置实际网络设备一样，每配置一道命令，就立即在设备中执行。模拟（simulation）模式下会弹出一个模拟面板（Simulation Panel），能够观察测试数据包的运行情

計算机网络与通信

况。默认情况下，所有数据包均可见，可通过编辑过滤器自定义可见数据包。

连通信息显示区：当测试当前网络设备连通性时，该区域显示是否连接成功。

3. 搭建一个小型局域网并测试

按照图 8-4 所示拓扑，在 Packet Tracer 中选择一台以太交换机、两台计算机终端，并按照图示命名。选择直通线缆将两个终端分别连至交换机的第一和第二个端口。

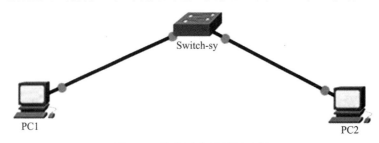

图 8-4　简单以太局域网示例

单击 PC 终端，按照图 8-5 所示，给计算机终端配置 IP 地址等相关信息。注意两台 PC 的 IP 地址，网络号和掩码须一致，主机号不能相同。

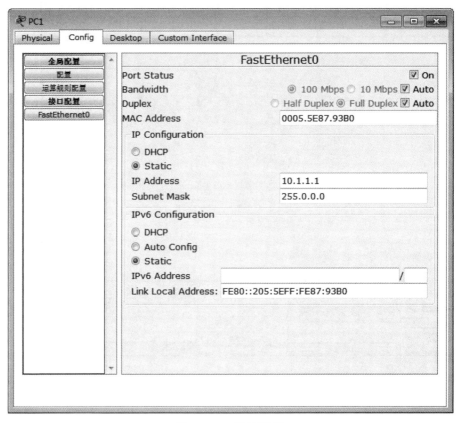

图 8-5　IP 地址配置

最后按照图 8-6 所示，在一台终端"ping"另外一台终端，测试连通性。

图 8-6 ping 测试

8.3.5 实训思考题

（1）PC 连接交换机用的是哪种线缆？都连接在终端的什么端口上？

（2）如果两台 PC 的 IP 地址网络号不一致还能连通吗？掩码不一致呢？为什么？

8.4 实训 4：IP 地址规划与配置

8.4.1 实训目的

（1）进一步熟练运用模拟器 Packet Tracer。

（2）掌握局域网 IP 地址规划。

（3）掌握在模拟环境下搭建局域网。

（4）了解简单的路由配置。

8.4.2　实训环境

（1）在网络实验室进行。
（2）每人一台计算机。
（3）计算机安装 Packet Tracer。

8.4.3　实训步骤

1. 搭建拓扑

按照图 8-7 所示拓扑，在模拟器中组建网络并给每个设备命名。PC 连接到交换机的第一个端口。交换机的最后一个快速以太接口连接路由器的第一个以太端口。两台路由器的最后一个端口互连。线缆连接之后，激活路由器连接线缆的端口。

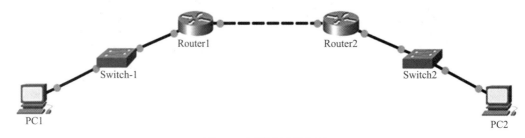

图 8-7 小型局域网拓扑

2. IP 地址规划

1）假设给定的地址空间为 192.168.1.0/24

该拓扑中包括以下网段.

（1）连接到路由器 Router 1 的 LAN 需要足以支持 16 台主机的 IP 地址。
（2）连接到路由器 Router 2 的 LAN 需要足以支持 30 台主机的 IP 地址。
（3）路由器 Router 1 和路由器 Router 2 之间的链路每一端都需要一个 IP 地址。

规划具有相同规模的子网，而且使用的子网规模应最小。

此网络需要多少个子网? ＿＿＿＿＿＿＿＿＿＿

以点分十进制格式表示，此网络的子网掩码是什么? ＿＿＿＿＿＿＿＿

以斜杠格式表示，该网络的子网掩码是什么? ＿＿＿＿＿＿＿＿

每个子网有多少台可用主机? ＿＿＿＿＿＿＿＿

2）分配子网地址

（1）将第 2 个子网分配给连接到 Router 1 的网络。
（2）将第 3 个子网分配给 Router 1 和 Router 2 之间的链路。
（3）将第 4 个子网分配给连接到 Router 2 的网络。

3）为设备接口分配适当的地址

（1）将第 2 个子网中的第 1 个有效主机地址分配给 Router 1 上的 LAN 接口。

（2）将第 2 个子网中的最后 1 个有效主机地址分配给 PC1。

（3）将第 3 个子网中的第 1 个有效主机地址分配给 Router 1 上的连接 Router 2 的接口。

（4）将第 3 个子网中的最后 1 个有效主机地址分配给 Router 2 上的连接 Router 1 的接口。

（5）将第 4 个子网中的第 1 个有效主机地址分配给 Router 2 的 LAN 接口。

（6）将第 4 个子网中的最后 1 个有效主机地址分配给 PC2。

4）将要使用的地址记录在表格中

3. IP 地址配置

按照地址规划表格，在 Packet Tracer 中通过"Config"（配置）选项卡完成设备 IP 地址的配置。

4. 测试连通性

从 PC1 开始，逐段测试连通性。再从 PC2 开始，逐段测试连通性。

8.4.4 实训思考题

（1）该网络中是否有设备无法相互"ping"通？

（2）路由器是否需要设置网关？

参考文献

[1]　谢希仁. 计算机网络[M]. 6 版. 北京：电子工业出版社，2013.

[2]　邢彦辰. 计算机网络与通信[M]. 2 版. 北京：人民邮电出版社，2012.

[3]　王达. 深入理解计算机网络[M]. 北京：机械工业出版社，2015.

[4]　张平安. 交换机与路由器配置管理教程[M]. 北京：中国铁道出版社，2015.

[5]　ANDREW S TANENBAUM，计算机网络[M]. 5 版. 北京：清华大学出版社，2012.